Lambacher Schweizer 8

Mathematik für Gymnasien

Nordrhein-Westfalen

Arbeitsheft

W0461621

herausgegeben von Matthias Janssen

erarbeitet von
Petra Hillebrand, Matthias Janssen, Klaus-Peter Jungmann, Karen Kaps,
Tanja Sawatzki, Uwe Schumacher, Colette Simon

Ernst Klett Verlag
Stuttgart · Leipzig

Liebe Schülerinnen und Schüler,

auf dieser Seite stellen wir euch euer Arbeitsheft für die 8. Klasse vor.

Die Kapitel und das Lösungsheft
In den einzelnen Kapiteln des Arbeitshefts werden alle Themen aus deinem Mathematikunterricht behandelt. Wir haben versucht, viele interessante und abwechslungsreiche Aufgaben zusammenzustellen, die euch beim Lernen weiterhelfen werden. Alle Lösungen zu den Aufgaben stehen im Lösungsheft, das in der Mitte eingeheftet ist und sich leicht herausnehmen lässt.

Basiswissen
Wichtige Themen aus Klasse 7 werden hier wiederholt und nochmals geübt. Diese Zettel kannst du zum Einstieg bearbeiten oder erst dann, wenn du merkst, dass du z.B. eine Auffrischung zu Termen und Gleichungen gut gebrauchen kannst.

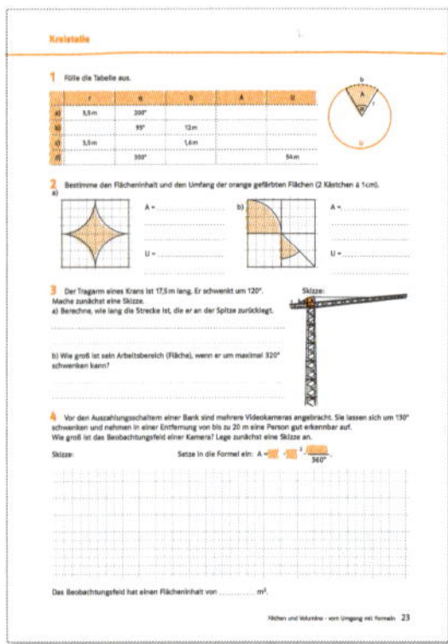

Übungsblätter
Zu allen wichtigen Bereichen der 8. Klasse findet ihr hier viele verschiedene Übungen. Damit ihr seht, wie eine Aufgabe gemeint ist, haben wir an einigen Stellen schon einen Aufgabenteil gelöst (orange Schreibschrift). Eure Antworten schreibt ihr auf die vorgegebenen Linien ____________ oder in die farbigen Kästchen . Manchmal braucht ihr einen Zettel für Nebenrechnungen.

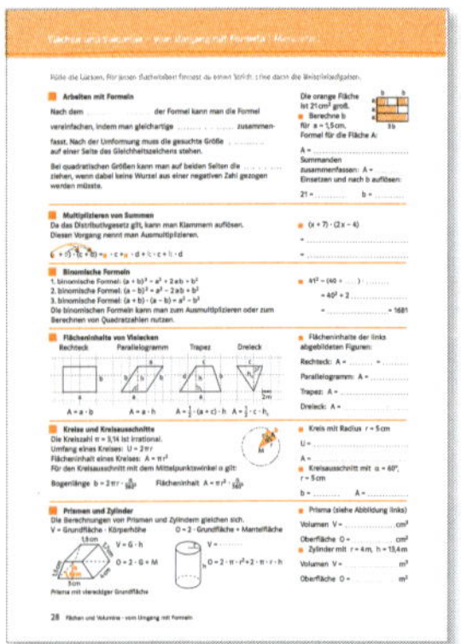

Merkzettel befinden sich am Ende von jedem Kapitel. Dort stehen alle wichtigen Regeln und Begriffe, die das Kapitel enthält. Um euch zu helfen, diese Begriffe leichter und auch dauerhaft zu merken, sollt ihr auch diese Blätter selbst bearbeiten und lösen.

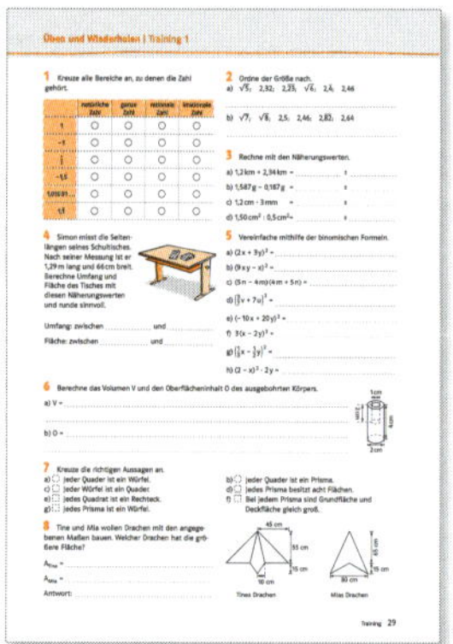

Training: Üben und Wiederholen
Die drei Trainingseinheiten im Heft wiederholen den neuen und auch den schon etwas älteren Stoff. Hier findet ihr Aufgaben zu allen davor liegenden Kapiteln.
Tipp: Schlagt in den Merkzetteln der vorigen Kapitel nach, wenn ihr auf ein Problem stoßt.

Der Wissensspeicher und das Register
Wisst ihr nicht, was ein Begriff bedeutet? Oder sucht ihr Übungen zu einem bestimmten Thema? Hier hilft das Register auf der letzten Seite. Alle mathematischen Begriffe der 8. Klasse könnt ihr dort nachschlagen. Von dort werdet ihr auf die Seite verwiesen, auf der ihr eine Erklärung des Begriffs findet.
Probiert es am besten gleich aus: Auf welcher Seite wird „Funktionswert" erklärt? ____________

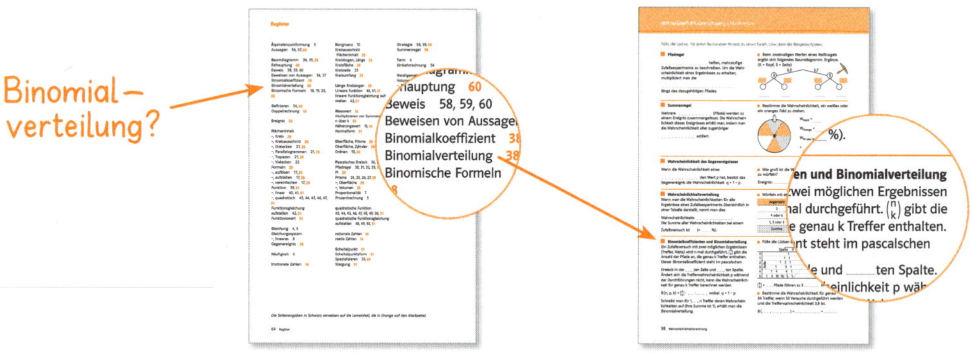

Nun kann es losgehen. Wir wünschen euch viel Spaß und Erfolg beim Lösen der Aufgaben.

Euer Autorenteam

1 Jeweils drei Kärtchen gehören zusammen. Färbe in einer Farbe.

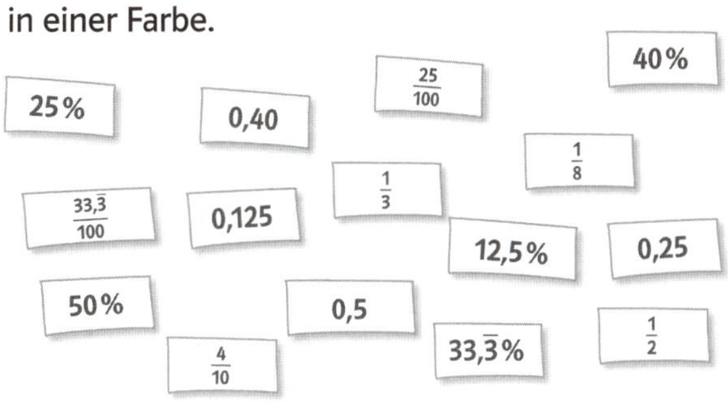

2 Zur Berechnung des Prozentwertes benutzt man die Formel $W = p \cdot G$.

a) Stelle die Formel nach G um.

____

b) Stelle die Formel nach p um.

____

3 Löse das Kreuzzahlrätsel. Kommas bekommen eigene Kästchen.
Schreibe zuerst hinter die Aufgabe, was gesucht ist: Grundwert (G), Prozentwert (W), Prozentsatz (p), Kapital (K), Zinsen (Z).

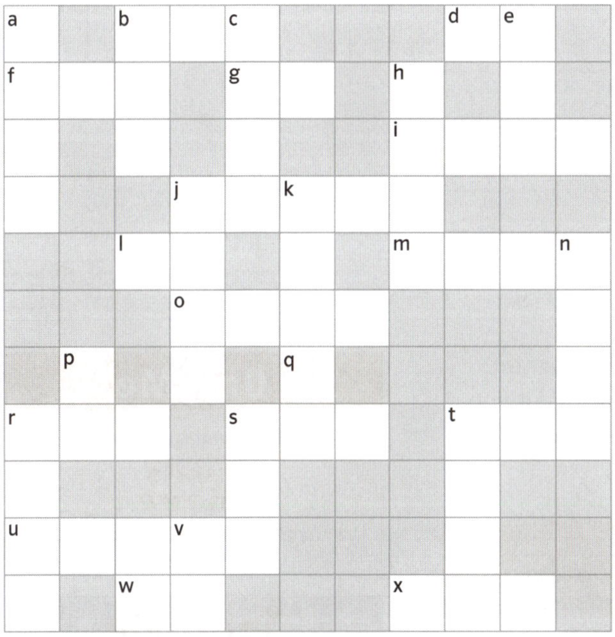

Waagerecht

b) Familie Meier erhält 3 % Skonto auf ihren Einkauf und zahlt 14,85 € weniger. ______ G

d) Guildo hat ein Sparguthaben von 2600 €. Der Zinssatz beträgt 1,5 %. ______

f) Will erhält für sein Sparbuchguthaben von 1500 € in diesem Jahr 25,50 € Zinsen. ______

g) 100 % sind 240 €, 5 % sind ______

i) Herr Glück hat seinen Lottogewinn angelegt und erhält jährlich 200 € Zinsen. Der Zinssatz beträgt 4 %. ______

j) W = 377,70 €; p = 3 % ______

l) 25 % von 200 kg

m) K = 1,75 €; p = 4 % ______

o) 250 – 197,7 ______

Senkrecht

a) Frau Sorglos hat 70 000 € geerbt und möchte ihr Geld jetzt anlegen. Die Bank bietet einen Zinssatz von 4,5 % pro Jahr. ______

b) G = 23 500; p = 2 % ______

c) Z = 127,55 € im Jahr; p = 2,5 % ______

e) Die Miete wurde um 3 % erhöht, das ist eine Steigerung von 27,90 €. ______

h) W = 375; p = 5 % ______

j) 20 % sind 210 ______

k) Die Festplatte ist bereits zu 85 % belegt. Insgesamt kann man 68,8 GByte speichern. ______

l) Statt des gewünschten Umsatzes von 362,6 Mio. Dollar korrigierte das Unternehmen seine Zahlen auf 344,47 Mio. Dollar im Jahr. Der prozentuale Umsatzrückgang betrug: … ______

n) 3 % sind 238,8 m ______

s) Von den 1200 Bewerbern werden nur 10 % zu einem Test eingeladen. ______

t) 114 % sind 2280. ______

p) Rabatt von 397,80 €, der alte Preis betrug 2340,00 €. ______

r) 87 % von 2500 ______

v) Vorher kostete der Rock 98 €, jetzt nur 53,90 €. Preisminderung um … % ______

q) Lisa hat 300 € gespart. Nach einem Jahr hat sie 312 € auf dem Sparbuch. ______

r) Von den 900 Vereinsmitgliedern sind 30 % Kinder. ______

s) 30 % von 600 l : … l. ______

t) Klaus leiht sich bei der Bank für ein Jahr 2500 €. Er muss dafür 8 % Zinsen bezahlen. ______

u) Die Reise kostet normal 595 €, mit Frühbucherrabatt spart man 12 %, das sind … €. ______

w) 99,75 $ von 665 $: … % ______

x) 12 % von 900 ______

1 a) Bestimme den Wert der folgenden Terme für $x = 2$ und $y = 3$.

Term	$2x - 3$	$-2x + y$	$2y - 3x$	$\frac{1}{2}x + y$	$10x - 2y$
Wert des Terms					

b) Gib nun einen Term mit den Variablen a und b an. Der Term soll für $a = 2$ und $b = 5$ den Wert 26 haben.

____

2 Kreuze die Rechenausdrücke an, welche 25 % der Zahl x angeben.

☐ $\frac{x}{25}$ ☐ $x \cdot 25\,\%$ ☐ $x \cdot \frac{1}{4}$ ☐ $x : 4$ ☐ $\frac{x}{100} \cdot 25$ ☐ $100 - 0{,}75x$ ☐ $0{,}25x$ ☐ $4x$

3 a) Stelle einen möglichst einfachen Term für die Strecke y auf.

____

____

b) Stelle einen möglichst einfachen Term für den Umfang auf.

____

____

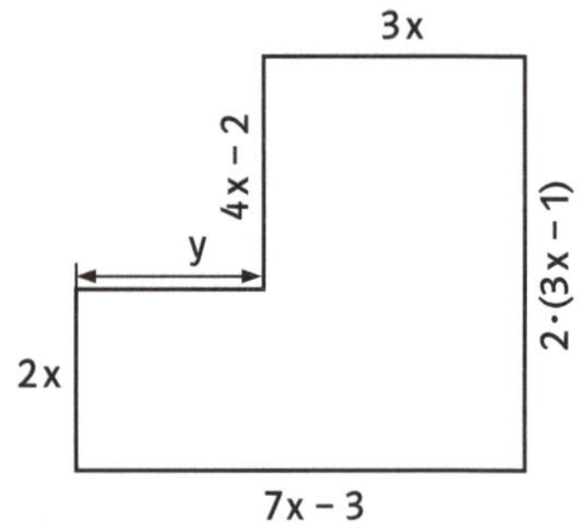

c) Berechne für den Wert $x = 1\,\text{cm}$ Flächeninhalt und Umfang der Figur.

____

____

____

4 Samiras Mutter möchte einen neuen Handyvertrag abschließen. Sie vergleicht zwei Tarife. Da der SMS-Preis identisch ist und sie keine MMS verschicken möchte, vergleicht sie die anderen Telefonkosten.

OnlyMe
Monatliche Grundgebühr: 4,95 €
SMS: 0,20 €
MMS: 0,39 €
Minutenpreis Festnetz/Handy: 0,10 €

TelOnMe
Mindestumsatz im Monat: 9,95 €
SMS: 0,20 € MMS: 0,49 €
Minutenpreis Festnetz/Handy: 0,05 €

a) Fülle die Tabellen für die beiden Tarife aus.

OnlyMe	
Telefon-minuten	monatliche Kosten
0	4,95 €
100	14,95 €
200	
300	

TelOnMe	
Telefon-minuten	monatliche Kosten
0	
100	
200	
	29,95 €

b) Gib einen Term an, mit dem du für den Tarif „OnlyMe“ die Kosten berechnen kannst.

____

c) Gib einen Term an, mit dem du für den Tarif „TelOnMe“ die Kosten berechnen kannst.

____

d) Samiras Mutter schätzt, dass sie in der Regel 400 Minuten im Monat telefoniert. Welcher Tarif ist günstiger?

____

1 Vereinfache den Term durch Zusammenfassen und Ausmultiplizieren.

a) $4x - 2x + 6 - 3 =$ ______

b) $-5z + 3{,}5 - 7{,}5z + (-1{,}5) =$ ______

c) $3 \cdot z \cdot 4 + 8 =$ ______

d) $5x - 7x + 9x - 3 - 2x =$ ______

e) $4 \cdot (5x - 3) =$ ______

f) $-2 \cdot (-4 + 7z) - 2z =$ ______

g) $(3z + 7) \cdot (-2) =$ ______

h) $2 \cdot (-4m + 8) - 7(2 - 3m)$
= ______
= ______

i) $24 - 3x - (2x + 2) =$ ______

2 Klammere den gemeinsamen Faktor aus. Fasse gegebenenfalls weiter zusammen.

a) $7 - 14n = 7 \cdot$ ______

b) $5x - 15 + 10x = 15 \cdot$ ______

c) $\frac{3}{4} - \frac{x}{4} = \frac{1}{4} \cdot$ ______

d) $\frac{4}{5}x - \frac{2}{5} = \frac{2}{5} \cdot$ ______

3 Löse die Gleichung. Führe mit deinem Ergebnis eine Probe durch.

a) $3x + 7 = 10 - 2x$
______
______
______
Probe: (1) ______
(2) ______

b) $-5 + 7x = 2x$
______
______
______
(1) ______
(2) ______

c) $2 \cdot (x - 3) = 5x$
______
______
______
(1) ______
(2) ______

d) $12 - \frac{1}{3}x = -3$
______
______
Probe: (1) ______
(2) ______

e) $0{,}2x - 4 = 8$
______
______
(1) ______
(2) ______

f) $7x - 3(5 + 2x) = 7$
______
______
(1) ______
(2) ______

4 Verachtfacht man eine Zahl und subtrahiert davon zwölf, so erhält man das gleiche Ergebnis, wie wenn man die Zahl vervierfacht und acht addiert.

gesucht: ______

Rechnung: ______
______
______
______

Antwort: ______
______

5 Pia ist vier Jahre jünger als ihre Schwester Lotte, der Bruder Fabian ist doppelt so alt wie Lotte. Zusammen sind alle 36 Jahre alt.

gesucht: Alter Pia: ______ Alter Lotte: x ______

Alter Fabian: ______

Rechnung: ______
______
______

Antwort: ______
______

1 Gib die Wahrscheinlichkeiten an.

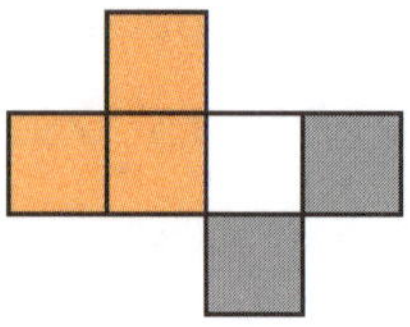

Die Wahrscheinlichkeit, die Farbe Grau zu würfeln,

beträgt ______ , Weiß zu würfeln ______ und

für __________ beträgt die Wahrscheinlichkeit $\frac{1}{2}$.

2 Eine Münze wird 50-mal geworfen. Ergänze die Tabelle.

	absolute Häufigkeit	relative Häufigkeit	geschätzte Wahrscheinlichkeit
a)	25		
b)		$\frac{1}{10}$	
c)			20 %

3 Eine Urne enthält acht Kugeln mit den Zahlen von 1 bis 8. Bestimme jeweils die Wahrscheinlichkeit; gib sie als gekürzten Bruch, als Dezimalbruch und in Prozent an.

Wahrscheinlichkeit	Bruch	Dezimalbruch	Prozent
a) die Zahl Fünf zu ziehen			
b) eine gerade Zahl zu ziehen			
c) eine Zahl größer als Fünf zu ziehen			
d)	$\frac{1}{4}$		

4 An dem Glücksrad wird gedreht. Gib jeweils die Wahrscheinlichkeit an.

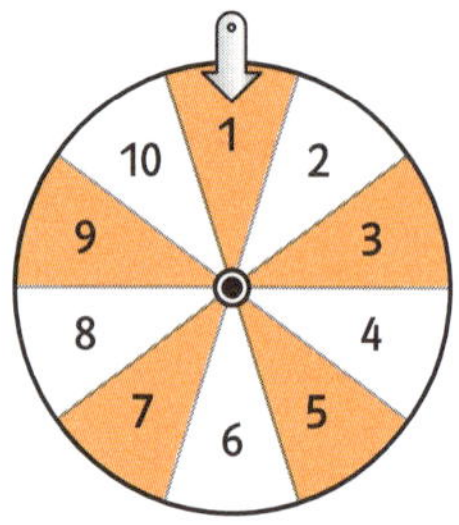

a) Die Wahrscheinlichkeit, ein orange gefärbtes Feld zu erzielen, beträgt __________ .

b) Die Wahrscheinlichkeit, eine durch drei teilbare Zahl zu drehen, beträgt __________ .

c) Nun wird das Glücksrad zweimal hintereinander gedreht.

Die Wahrscheinlichkeit, zweimal die Zehn zu drehen, beträgt __________ .

d) Die Wahrscheinlichkeit, zweimal eine ungerade Zahl zu erzielen, beträgt __________ .

5 Beschrifte die Kugeln in der Urne so: Die Hälfte der Kugeln sind mit einer 1 beschriftet. $\frac{1}{4}$ der Kugeln sind mit einer 2 beschriftet. Des Weiteren gibt es drei Kugeln mit einer 3. Der Rest ist mit einer 5 versehen.
Aus dem Behälter wird zufällig eine Kugel gezogen.
Wie groß ist die Wahrscheinlichkeit,

a) dass auf der Kugel eine 5 ist? __________

b) dass eine gerade Zahl gezogen wird? __________

c) Es wird 400-mal eine Kugel gezogen (und immer wieder direkt nach dem Ziehen zurückgelegt).
Welche absolute Häufigkeit erwartest du

für die 1? __________

1 Im Internet findet Julia eine Regel, mit der man die Körpergröße vorhersagen kann, wenn man die Unterarmlänge kennt. Die Regel lautet: „Multipliziere die Unterarmlänge in cm mit 4 und ziehe 13 cm ab, dann erhältst du die Körpergröße in cm."

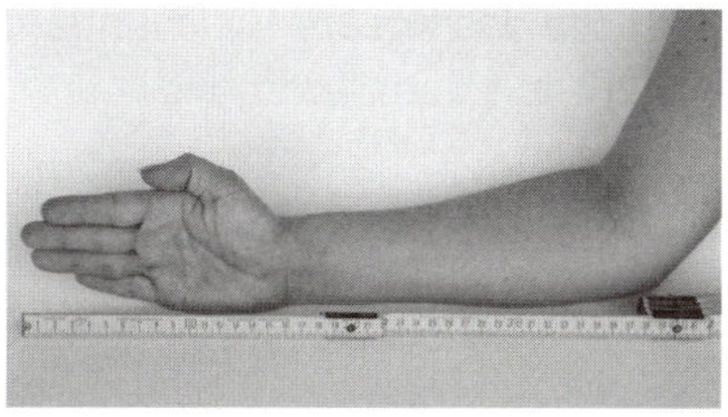

a) Gib für die Zuordnung Unterarmlänge u → Körpergröße k

eine Rechenvorschrift an: ______________________

b) Fülle die Tabelle aus.
Trage zuletzt deine Unterarmlänge ein und berechne die zugehörige Körpergröße.

Unterarmlänge u in cm	32	34	36	38	40	42	44	
Körpergröße k in cm								

c) Zeichne den Graphen der Zuordnung.

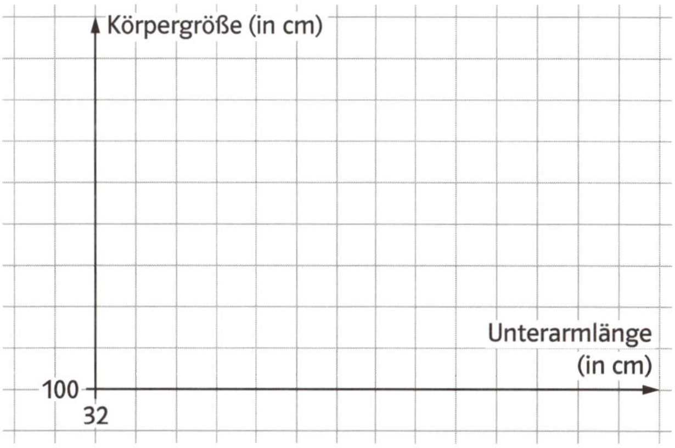

d) Gilt die Regel für jeden Menschen? ______________________

____

2 Jens hat Rechtecke mit einem Flächeninhalt von 6 cm² ausgeschnitten. Er hat sie nach ihrer Länge sortiert und in ein Koordinatensystem gelegt.

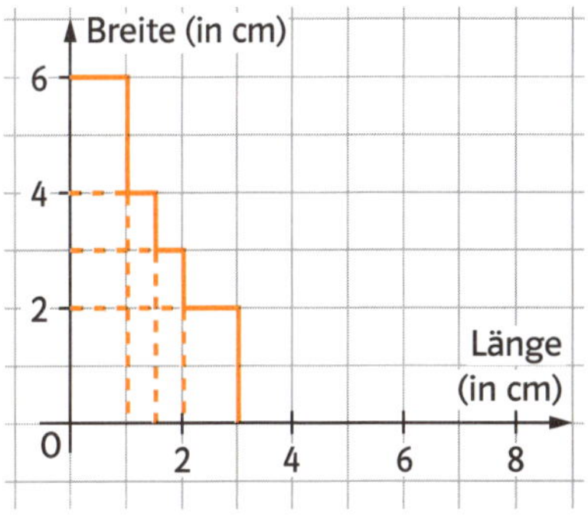

a) Zeichne die zwei fehlenden Rechtecke ein und verbinde die freien Eckpunkte der Rechtecke.

b) Jens stellt fest:
Verdoppelt man die Länge, dann ____________ sich die Breite.

Drittelt man die Länge, dann ____________ sich die Breite.

Die Zuordnung Länge → Breite ist eine ____________

Zuordnung. Der Graph ist eine Hyperbel.

c) Da das Produkt aus Länge x und Breite y immer ______ ergibt,

kann die Breite y mit der Gleichung y = ________ berechnet werden.

3 a) Ergänze die fehlenden Werte.

Arbeitszeit in h	0,5	1	2	4	6	8
Lohn in €					90	

b) Der Quotient $\frac{\text{Lohn in €}}{\text{Zeit in h}}$ ist immer gleich und

beträgt ______ $\frac{€}{h}$. Er gibt an, wie viel ______

für ______ Arbeit bezahlt werden muss.

c) Die Zuordnung Arbeitszeit → Lohn ist eine

____________________ Zuordnung.

Der Graph der Zuordnung ist eine Gerade,

die durch den Punkt (_____|_____) geht.

Zeichne die Gerade.

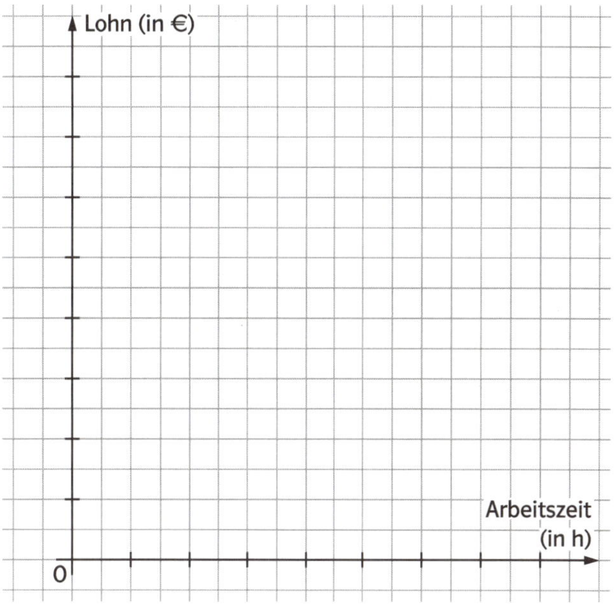

1 Löse das lineare Gleichungssystem mit dem Additionsverfahren.

I: $5x + 4y = 23$
II: $3x - 4y = 19$

I + II: ______

x = ______

Setze x in I ein:

I: $5 \cdot$ ___ $+ 4y = 23$

___ $4y = 23$

$4y =$ ___

$y =$ ___

Probe mit Gleichung II:

II: $3 \cdot$ ___ $- 4 \cdot$ ___ $= 19$

___ + ___ $= 19$

___ $= 19$

2 Löse das lineare Gleichungssystem mit dem Einsetzungsverfahren.

I: $12x + 5y = 39$
II: $12x = 4y + 120$

I + II: $4y + 120 +$ ___ = ___

___ | ___

___ | ___

$y =$ ___

x mit I: $12x + 5 \cdot$ ___ $= 39$

$12x$ ___ $= 39$ | ___

$12x =$ ___ | ___

$x =$ ___

P in II: $12 \cdot$ ___ $= 4 \cdot$ ___ $+ 120$

___ = ___

___ = ___

3 Löse das lineare Gleichungssystem mit dem Gleichsetzungsverfahren.

I: $4x - 6 = 2y$
II: $2y = 2x - 10$

I + II: $4x - 6 =$ ___ | ___

___ | ___

___ | ___

$x =$ ___

y mit I: $4 \cdot$ ___ $- 6 = 2y$

___ $= 2y$ | ___

___ $= y$

P in II: $2 \cdot$ ___ $= 2 \cdot$ ___ $- 10$

___ = ___

___ = ___

4 Verändere jeweils eine der beiden Gleichungen des linearen Gleichungssystems an einer Stelle so, dass es

a) unendlich viele Lösungen gibt.
I: $y = 3x + 4$
II: $y = 3x - 2$

______

b) keine Lösung gibt.
I: $y = -4x - 3$
II: $y = 2x - 3$

______

c) genau eine Lösung gibt.
I: $1{,}5y = 7{,}5x + 4{,}5$
II: $0{,}5y = 2{,}5x + 1{,}5$

______

5 Kreuze an, ob mit dem Einsetzungsverfahren (EV) oder dem Gleichsetzungsverfahren (GV) gearbeitet wurde und rekonstruiere anschließend die fehlende Gleichung des linearen Gleichungssystems.

a) I: $y - 3x = 7$
II: ______
$4x - 5 - 3x = 7$
☐ EV ☐ GV

b) I: $-2x + 5 = y$
II: ______
$-2x + 5 = -4x + 3$
☐ EV ☐ GV

c) I: $2y = \frac{1}{2}x + 4{,}5$
II: ______
$2(3x - 1{,}5) = 0{,}5x + 4{,}5$
☐ EV ☐ GV

d) I: $6y = 2x + 8{,}5$
II: ______
$6y = -2y + 3 + 8{,}5$
☐ EV ☐ GV

6 Die linearen Gleichungssysteme wurden mit dem Additionsverfahren gelöst. Ordne jedem linearen Gleichungssystem eine Gleichung und eine Lösung zu. Trage den Buchstaben passend in die zugehörigen Kärtchen ein.

I: $-2x + 12y = 108$ II: $2x + 7y = 44$ | A	I: $56x = 8y + 216$ II: $9x + 8y = 109$ | B	I: $x + 3y = 22$ II: $2x + 3y = 23$ | C	I: $6x + 8y - 26 = 0$ II: $9x = 57 - 3y$ | D
I + II: $65x = 325$ | ___	I + II: $-18y = 36$ | ___	I + II: $19y = 152$ | ___	I + II: $x = 1$ | ___
7|−2 | ___	−6|8 | ___	1|7 | ___	5|8 | ___

1 Bestimme die Winkelgrößen.

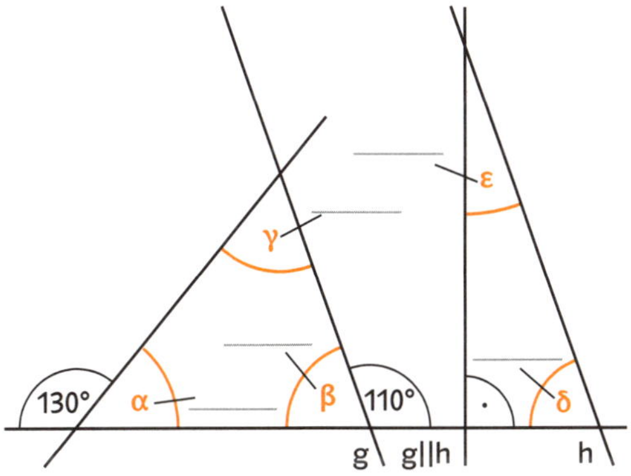

Nebenwinkel ergeben zusammen 180°.

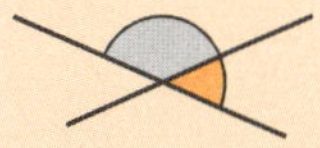

Scheitelwinkel sind gleich groß.

2 Wie groß sind die drei Winkel α, β, γ und δ?

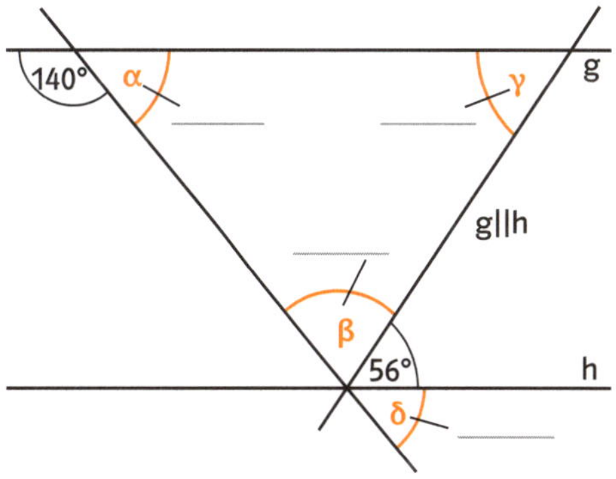

Jeder Punkt der Mittelsenkrechten einer Strecke hat den gleichen Abstand zu den Endpunkten der Strecke.

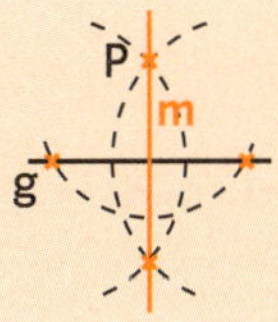

Jeder Punkt der Winkelhalbierenden eines Winkels hat den gleichen Abstand zu den Schenkeln des Winkels.

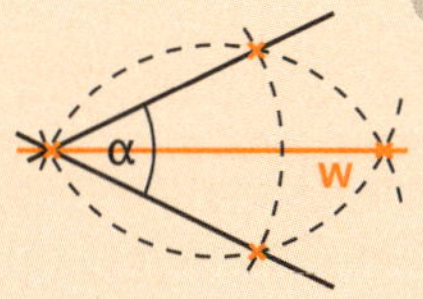

3 In einem Spielzeugladen soll auf einem dreieckigen Brett eine kreisrunde Eisenbahn aufgebaut werden. Wie groß darf der Durchmesser des Schienenkreises höchstens sein? (Maßstab: 1:50)
Der Durchmesser darf

höchstens ______ m betragen.

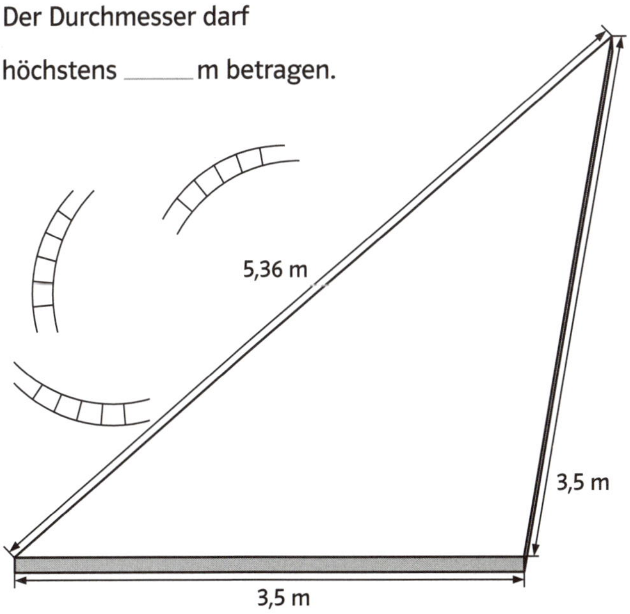

4 Elfriede und Stefanie sind gute Freundinnen. Sie wohnen beide nebeneinander an der Baumallee. Elfriedes Vater ist Mathematiklehrer und hat eine Überraschung für die beiden versteckt. Er verrät nur, dass der Ort des Verstecks von beiden Häusern gleich weit entfernt ist. Zugleich gilt noch, dass der Ort von beiden Teilstücken der Baumallee gleich weit entfernt ist.
Wo liegt das Versteck? Konstruiere den Punkt.
Wie weit ist es von den Häusern entfernt?

______ m

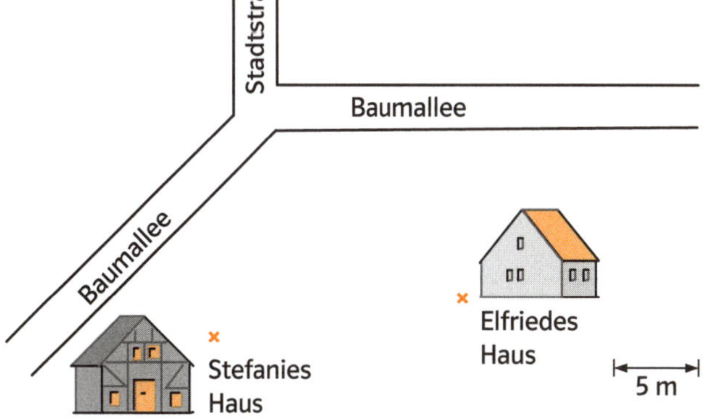

5 Bestimme die vier Winkelgrößen und schreibe sie in die Zeichnung.

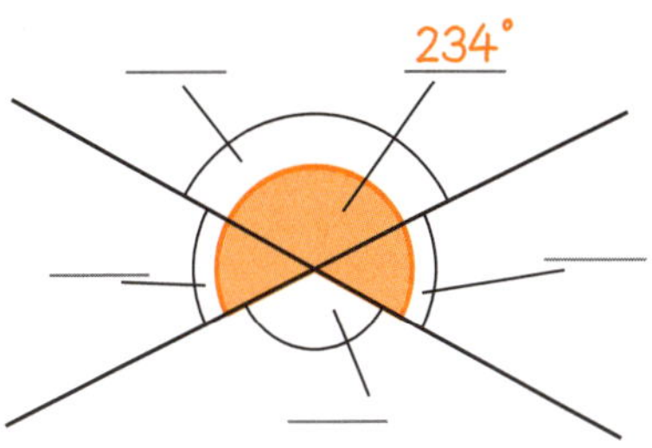

6 a) Wie groß ist die Winkelsumme in einem Sechseck? ______

b) Wie viele Ecken besitzt ein Vieleck mit einer Winkelsumme von 900°? ______

c) Wie groß wird die Winkelsumme, wenn zwei Ecken hinzukommen? ______

Zwei Figuren heißen kongruent, wenn sie deckungsgleich sind.

1 Welchen Kongruenzsatz gibt es nicht? Markiere zunächst entsprechende Stücke beispielhaft farbig. Streiche den „falschen" Kongruenzsatz durch.

sss
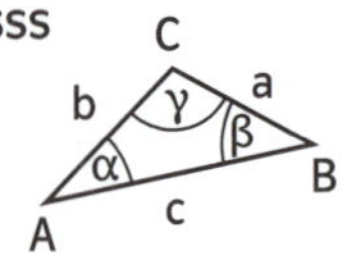

sws
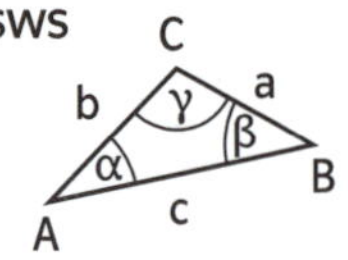

wsw
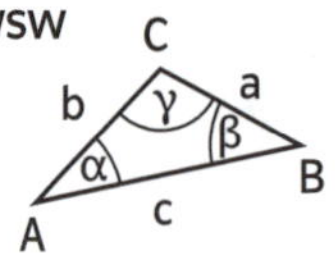

www
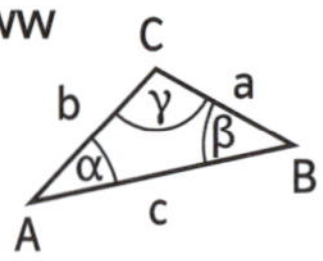

2 Nach welchem Kongruenzsatz sind die vier Dreiecke im Quadrat zueinander kongruent? ____________
Daher sind die vier Seiten des inneren Vierecks

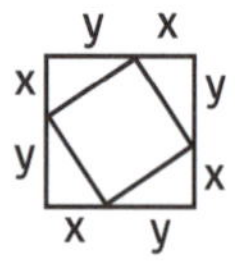

________________________ .

3 Konstruiere mithilfe des Thaleskreises ein Dreieck mit $\alpha = 30°$, $\gamma = 90°$ und $c = 4\,cm$. Verbinde anschließend C mit dem Mittelpunkt M des Thaleskreises und bestimme die Größen aller Winkel.

Das Dreieck MBC ist ______________ ;

also ist a = _______ cm.

A c = 4 cm B

4 Nach welchem Kongruenzsatz ist das Dreieck eindeutig konstruierbar? Markiere die gegebenen Stücke in der Planfigur farbig und kreuze an.

a) $b = 5\,cm$
$\alpha = 50°$
$c = 3\,cm$

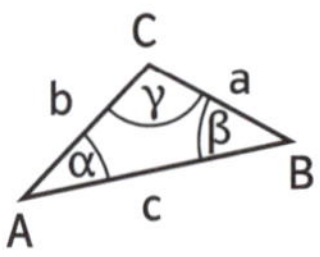

☐ sss ☐ sws
☐ wsw ☐ Ssw

b) $a = 5\,cm$
$b = 7\,cm$
$\beta = 45°$

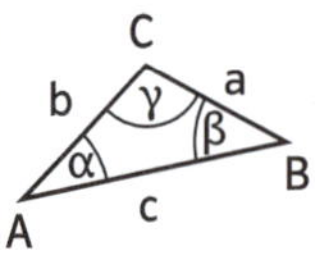

☐ sss ☐ sws
☐ wsw ☐ Ssw

c) $a = 2\,cm$
$b = 3\,cm$
$c = 4\,cm$

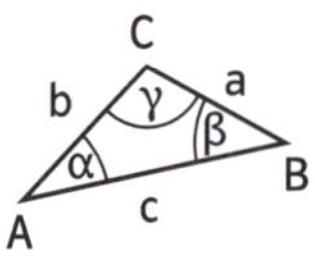

☐ sss ☐ sws
☐ wsw ☐ Ssw

d) $\alpha = 100°$
$\beta = 10°$
$c = 5\,cm$

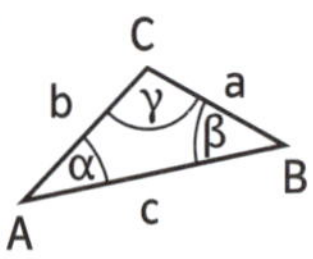

☐ sss ☐ sws
☐ wsw ☐ Ssw

5 Weshalb ist das Dreieck nicht konstruierbar? Tipp: Versuche, es zu konstruieren.

a) $a = 3\,cm$; $b = 4\,cm$; $c = 8\,cm$ ________________________

b) $\alpha = 30°$; $\beta = 40°$; $\gamma = 80°$ ________________________

c) $a = 3\,cm$; $b = 8\,cm$; $\alpha = 40°$ ________________________

____

6 Konstruiere das Dreieck nach der Planfigur und beschreibe dein Vorgehen.

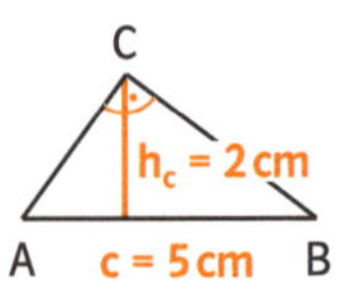

A c = 5 cm B

1) Zeichne $c = \overline{AB} = 5\,cm$
2) ____________________
3) ____________________

7 a) Konstruiere ein Rechteck mit der Diagonale $d = 5\,cm$ und einer Seitenlänge $a = 3\,cm$. Miss die andere Seitenlänge des Rechtecks: b = _______ cm.

Planfigur:

b) Konstruiere ein gleichschenklig-rechtwinkliges Dreieck mit der Basis $c = 4\,cm$.

Miss die Länge der Schenkel: etwa _______ cm.

Planfigur:

1 Setze die Zahlen so fort, dass eine rationale und eine irrationale Zahl entsteht.

	0,123...	0,12122...	0,3232...	0,0...
rational				
irrational				

2 Gib drei irrationale Zahlen an, die zwischen 5 und 6 liegen.

_______________ _______________ _______________

3 Ergänze die Begründungstexte zu den folgenden Fragen.
a) Kann die Summe zweier irrationaler Zahlen rational sein?

Ja, zum Beispiel ist 0,101001000... + 0,232332333233 33... = _______________ $= \frac{1}{3}$ die Summe zweier irrationaler Zahlen, das Ergebnis ist aber rational. Eine andere Zerlegung von $\frac{1}{3}$ in zwei irrationale Summanden könnte so aussehen:

$\frac{1}{3}$ = 0,212211222111... + _______________ . Oder auch so:

$\frac{1}{3}$ = _______________ + _______________

b) Kann das Produkt zweier irrationaler Zahlen rational sein?

Die Lösung x der Gleichung $x^2 = 2$ ist eine irrationale Zahl. Das Produkt der irrationalen Zahl x mit sich selbst $x \cdot x = 2$ ist aber eine rationale Zahl, also kann das Produkt zweier _______________ Zahlen sehr wohl _______________ sein.

4 Schreibe in die Figur die Worte „natürliche", „ganze", „rationale" und „irrationale" (Zahlen). Ordne dann die Zahlen auf den Kärtchen richtig zu.

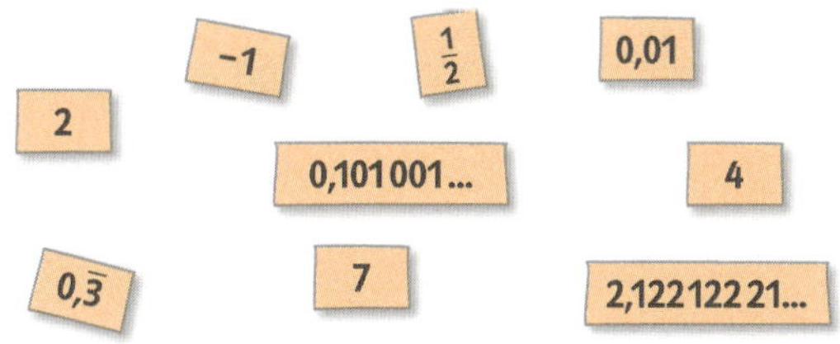

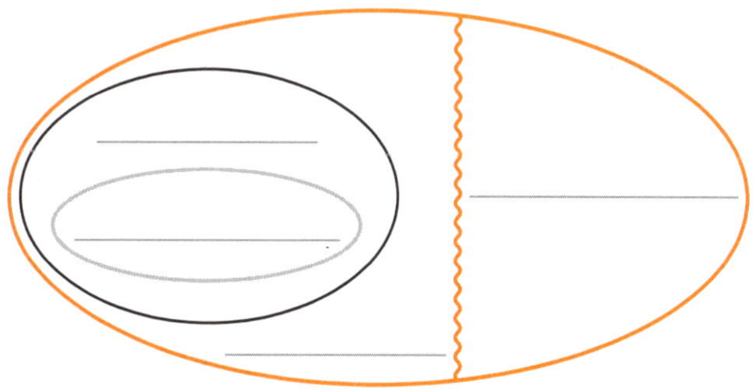

natürliche Zahlen: _______________

ganze Zahlen: _______________

rationale Zahlen: _______________

irrationale Zahlen: _______________

5 Neunerperioden
Es gibt bei periodischen Dezimalzahlen viele Möglichkeiten, aber eine Neunerperiode (also zum Beispiel $2,\overline{9}$) ist nicht erlaubt. Ergänze den Lückentext, der diesen Sachverhalt begründet.

Wenn man $2,\overline{9}$ mit 10 multipliziert, erhält man _______ . Somit ist dann

$9 \cdot 2,\overline{9} = (10 - 1) \cdot 2,\overline{9} = 10 \cdot 2,\overline{9} - 2,\overline{9} =$ _______ $- 2,\overline{9} =$ _______ . Insgesamt

also $9 \cdot 2,\overline{9} = 27$. Beidseitiges Teilen dieser Gleichung durch 9 ergibt dann: $2,\overline{9} =$ _______ .

Man erhält also für ein und dieselbe Zahl zwei verschiedene Darstellungen. Da dies nicht schön ist, wird es kurzerhand in der Mathematik verboten.

1 Finde ohne Taschenrechner die Fehler und korrigiere rechts vom Gleichheitszeichen.

a) $\sqrt{64} = 8$ b) $\sqrt{121} = 12$ c) $\sqrt{196} = 13$ d) $\sqrt{361} = 19$ e) $\sqrt{441} = 22$

2 Bestimme die Wurzeln im Kopf. Achte auf die Beispiele.

a) $\sqrt{9} =$ 3
$\sqrt{0{,}09} =$ 0,3
$\sqrt{0{,}0009} =$ ____
$\sqrt{900} =$ 30
$\sqrt{90\,000} =$ ____

b) $\sqrt{4} =$ ____
$\sqrt{0{,}04} =$ ____
$\sqrt{400} =$ ____
$\sqrt{0{,}0004} =$ ____
$\sqrt{40\,000} =$ ____

c) $\sqrt{\frac{9}{100}} = \frac{3}{10}$
$\sqrt{\frac{16}{25}} =$ ____
$\sqrt{\frac{121}{81}} =$ ____
$\sqrt{\frac{256}{16}} =$ ____

d) $\sqrt{\frac{169}{49}} =$ ____
$\sqrt{\frac{4}{9}} =$ ____
$\sqrt{\frac{1}{289}} =$ ____
$\sqrt{\frac{10}{360}} =$ ____

3 Bestimme die Wurzeln. Falls die Wurzel irrational ist, schreibe ein **i** in das Feld.

a) $\sqrt{144} =$ ____ ☐ b) $\sqrt{4{,}41} =$ ____ ☐ c) $\sqrt{265} =$ ____ ☐
d) $\sqrt{256} =$ ____ ☐ e) $\sqrt{0{,}1} =$ ____ ☐ f) $\sqrt{3600} =$ ____ ☐
g) $\sqrt{2{,}89} =$ ____ ☐ h) $\sqrt{0{,}04} =$ ____ ☐ i) $\sqrt{\frac{1}{25}} =$ ____ ☐
j) $\sqrt{\frac{169}{196}} =$ ____ ☐ k) $\sqrt{\frac{1024}{4096}} =$ ____ ☐ l) $\sqrt{\frac{9}{18}} =$ ____ ☐

4 Bestimme die Lösungen. Schreibe möglichst ohne Wurzelzeichen.

a) $x^2 = 84$ b) $x^2 = 3{,}61$ c) $x^2 = 0{,}0625$ d) $x^2 = -2$ e) $x^2 = 2$

Lösungen:

$\sqrt{84}$; $-\sqrt{84}$ ____ ; ____ ____ ; ____ ____ ; ____ ____ ; ____

5 Zwischen welchen aufeinanderfolgenden natürlichen Zahlen liegt die Wurzel? Denke an Quadratzahlen.

a) 3 $< \sqrt{10} <$ 4 b) ____ $< \sqrt{60} <$ ____ c) ____ $< \sqrt{110} <$ ____
d) ____ $< \sqrt{3} <$ ____ e) ____ $< \sqrt{500} <$ ____ f) ____ $< \sqrt{1000} <$ ____

6 Löse die Gleichungen.

a) $x^2 + 1 = 50$ | −1
$x^2 =$ ____
$x_1 =$ ____ ; $x_2 =$ ____

b) $2x^2 = 72$ | ____
$x^2 =$ ____
$x_1 =$ ____ ; $x_2 =$ ____

c) $3x^2 + 6 = 33$ | −6
$3x^2 =$ ____
$x^2 =$ ____
$x_1 =$ ____ ; $x_2 =$ ____

7 Zeichne neben die Figur ein Quadrat, das denselben Flächeninhalt hat wie die vorgegebene Figur.

a) 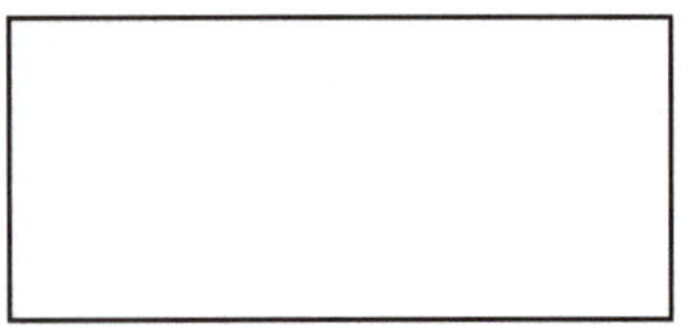

b) 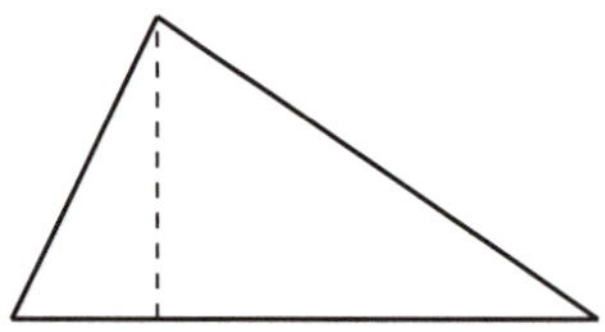

Der geschickte Umgang mit Wurzeln – Wurzelterme (1)

1 Ziehe teilweise die Wurzel wie im Beispiel.

a) $\sqrt{8} = \sqrt{4 \cdot 2} = \sqrt{4} \cdot \sqrt{2} = 2 \cdot \sqrt{2}$

b) $\sqrt{45} = \sqrt{\quad \cdot \quad}$ ______ = ______

c) $\sqrt{48} =$ ______

d) $\sqrt{150} =$ ______

e) $\sqrt{108} =$ ______

f) $\sqrt{144} =$ ______

2 Berechne die Terme möglichst im Kopf, benutze ansonsten den Taschenrechner. Entscheide, ob du ein Gleichheitszeichen oder ein Ungefährzeichen einsetzen musst.

a) $\sqrt{2} \cdot \sqrt{8}$ ■ ______

b) $\sqrt{2} + \sqrt{8}$ ■ ______

c) $2 \cdot \sqrt{2}$ ■ ______

d) $\frac{\sqrt{75}}{\sqrt{3}}$ ■ ______

e) $5 - \sqrt{25}$ ■ ______

f) $3 + \sqrt{3}$ ■ ______

g) $4 + \sqrt{4}$ ■ ______

h) $\frac{\sqrt{12}}{\sqrt{6}}$ ■ ______

3 Vereinfache durch Ausklammern.

a) $2 \cdot \sqrt{3} + 7 \cdot \sqrt{3} = (2 + 7) \cdot \sqrt{3} = 9 \cdot \sqrt{3}$

b) $5 \cdot \sqrt{2} + \sqrt{2} \cdot 3 =$ ______

c) $\sqrt{6} + 3 \cdot \sqrt{6} =$ ______

d) $8 \cdot \sqrt{5} - 2 \cdot \sqrt{5} - 5 \cdot \sqrt{5} =$ ______

e) $3 \cdot \sqrt{2} + 2 \cdot \sqrt{3} + 5 \cdot \sqrt{3} - \sqrt{2}$

= ______

f) $3 \cdot \sqrt{8} - 5 \cdot \sqrt{2} = 3 \cdot 2 \cdot \sqrt{2} - 5 \cdot \sqrt{2} = \sqrt{2}$

g) $\sqrt{18} + \sqrt{8} - \sqrt{50} =$ ______

h) $\sqrt{27} + \sqrt{45} =$ ______

4 Vereinfache durch Ausmultiplizieren.

a) $\sqrt{5} \cdot (\sqrt{20} + \sqrt{45})$

$= \sqrt{100} + \sqrt{225} = 10 + 15 = 25$

b) $\sqrt{2} \cdot (\sqrt{32} - \sqrt{72}) =$ ______

c) $\sqrt{7} \cdot (\sqrt{7} + \sqrt{28}) =$ ______

d) $\sqrt{3} \cdot (\sqrt{12} + \sqrt{48} - \sqrt{108})$

= ______

e) $(\sqrt{44} - \sqrt{11}) \cdot \sqrt{11} =$ ______

f) $\sqrt{10} \cdot (\sqrt{5} - \sqrt{2})$

$= \sqrt{50} - \sqrt{20} = 5 \cdot \sqrt{2} - 2 \cdot \sqrt{5}$

g) $(\sqrt{10} + \sqrt{15}) \cdot \sqrt{6} =$ ______

h) $\sqrt{12} \cdot (\sqrt{6} + \sqrt{20}) =$ ______

5 Forme die Terme um wie im Beispiel. Diese Umformung nennt man auch „Rationalmachen des Nenners".

a) $\frac{5}{\sqrt{3}} = \frac{5 \cdot \sqrt{3}}{\sqrt{3} \cdot \sqrt{3}} = \frac{5 \cdot \sqrt{3}}{3} = \frac{5}{3} \cdot \sqrt{3}$

b) $\frac{3}{\sqrt{7}} = \frac{3 \cdot}{\sqrt{7} \cdot}$ = ______ = ______

c) $\frac{5}{\sqrt{5}} = \frac{5 \cdot}{\sqrt{5} \cdot}$ = ______ = ______

d) $\frac{3}{\sqrt{3}} = \frac{3 \cdot}{\sqrt{3} \cdot}$ = ______ = ______

e) $\frac{7}{\sqrt{5}}$ = ______ = ______ = ______

f) $\frac{5}{\sqrt{7}}$ = ______ = ______ = ______

g) $\frac{10}{\sqrt{5}}$ = ______ = ______ = ______

h) $\frac{\sqrt{5}}{10}$ = ______ = ______ = ______

6 Vereinfache zunächst den Term und gib das Ergebnis eventuell als Näherungswert an.

a) $9 \cdot \sqrt{7} - \sqrt{112} = 9 \cdot \sqrt{7} -$ ______ $\cdot \sqrt{7} = (9 -$ ___ $) \cdot \sqrt{7} =$ ______ $\cdot \sqrt{7} \approx$ ______

b) $9 \cdot \sqrt{7} \cdot \sqrt{112} =$ ______ = ______ = ______ = ______

c) $9 \cdot \sqrt{7} + \sqrt{112} =$ ______ = ______ = ______ ≈ ______

d) $\frac{9 \cdot \sqrt{7}}{\sqrt{112}}$ = ______ = ______ = ______

1 Vereinfache so, dass im Ergebnis keine Wurzel im Nenner auftaucht.

a) $\sqrt{\frac{4}{10}} + \sqrt{\frac{9}{10}} = \frac{2}{\sqrt{10}} + \frac{3}{\sqrt{10}} = \frac{5}{\sqrt{10}} = \frac{5 \cdot \sqrt{10}}{\sqrt{10} \cdot \sqrt{10}} = \frac{5 \cdot \sqrt{10}}{10} = \frac{1}{2} \cdot \sqrt{10}$

b) $\sqrt{\frac{25}{5}} + \sqrt{\frac{16}{5}} =$ ______

c) $\sqrt{3} + \sqrt{\frac{16}{3}} =$ ______

d) $\sqrt{0{,}4} + \sqrt{0{,}1} = \sqrt{\frac{4}{10}} + \sqrt{\frac{1}{10}} = \frac{2}{\sqrt{10}} + \frac{1}{\sqrt{10}} = \frac{3}{\sqrt{10}} = \frac{3 \cdot \sqrt{10}}{\sqrt{10} \cdot \sqrt{10}} = \frac{3 \cdot \sqrt{10}}{10} = 0{,}3 \cdot \sqrt{10}$

e) $\sqrt{1{,}6} + \sqrt{2{,}5} =$ ______

f) $\sqrt{14{,}4} + \sqrt{19{,}6} =$ ______

g) $\sqrt{9{,}0} + \sqrt{16{,}00} =$ ______

2 Finde die Fehler. In einigen Lösungsversuchen steckt genau ein Fehler. Streiche den Lösungsversuch ab der fehlerhaften Stelle durch und korrigiere in der Zeile darunter.

a) $3 \cdot \sqrt{15} + 3 \cdot \sqrt{5} = \sqrt{5}\,(3 \cdot \sqrt{3} + 3) = \sqrt{5} \cdot 6 \cdot \sqrt{3} = 6 \cdot \sqrt{15}$

______

b) $7 \cdot \sqrt{3} - 7 \cdot \sqrt{2} = 7 \cdot (\sqrt{3} - \sqrt{2}) = 7 \cdot \sqrt{1} = 7$

______

c) $\sqrt{500} - \sqrt{250} = \sqrt{500 - 250} = \sqrt{250} = \sqrt{25 \cdot 10} = 5 \cdot \sqrt{10}$

______

d) $2 \cdot \sqrt{8} + 8 \cdot \sqrt{2} = 2 \cdot \sqrt{2 \cdot 4} + 8 \cdot \sqrt{2} = 8 \cdot \sqrt{2} + 8 \cdot \sqrt{2} = 16 \cdot \sqrt{2}$

______

3 Vereinfache die Wurzelterme. Alle vorkommenden Variablen sind größer als 0.

a) $\sqrt{3a^2} =$ ______ b) $\sqrt{16b} =$ ______ c) $\sqrt{5c^2d} =$ ______

d) $\sqrt{9d^3} =$ ______ e) $3 \cdot \sqrt{e} + 5 \cdot \sqrt{e} =$ ______ f) $\sqrt{f} + 4\sqrt{f} =$ ______

g) $\sqrt{g} - g \cdot \sqrt{g} =$ ______ h) $2 \cdot \sqrt{h} + 3 \cdot \sqrt{h^3} =$ ______ i) $\sqrt{i^3} + \sqrt{i^5} =$ ______

j) $j - \sqrt{j^2} =$ ______ k) $\sqrt{k} \cdot (\sqrt{4k} + \sqrt{9k}) =$ ______

l) $\sqrt{l} \cdot \left(\sqrt{l} - \sqrt{\frac{1}{l}}\right) =$ ______ m) $(\sqrt{2m} + \sqrt{3m}) \cdot \sqrt{6m} =$ ______

Rechnen im Kontext – der Umgang mit Näherungswerten

1 Welcher kleinste bzw. größte Wert würde den angegebenen Näherungswert ergeben?

Näherungswert	12,3 cm	0,25 m	25 mm	0,230 kg	20,47 cm²
Kleinster Wert					
Größter Wert					

„Der Mangel an mathematischer Bildung gibt sich durch nichts so auffallend zu erkennen wie durch maßlose Schärfe im Zahlenrechnen."
(C. F. Gauß)

2 Rechne mit den Näherungswerten.
Runde sinnvoll.

a) 12,3 kg + 2,66 kg

12,25 kg + 2,655 kg ≈ ____________

12,35 kg + ____________ ≈ ____________

Das Ergebnis liegt zwischen ________ und ________ .

b) 12,3 cm · 2,66 cm

________ · ________ ≈ ____________

________ · ________ ≈ ____________

Das Ergebnis liegt zwischen ________ und ________ .

3 Die Schüler der 8b wiegen die Masse einer 1-Euro-Münze aus ihrem Geldbeutel mit einer Präzisionswaage. Folgende Messergebnisse haben sie dabei aufgenommen:
7471; 7495; 7502; 7523; 7488;
7491; 7511; 7499; 7510; 7510 (in mg).

Wie groß ist die durchschnittliche Masse der 1-Euro-Münzen? Runde sinnvoll und überlege, mit welchem Fehler das Ergebnis behaftet ist.

Ergebnis: ____________ mg

Dieses Ergebnis liegt zwischen ____________ und ____________ .

4 Folgende Längen wurden näherungsweise bestimmt.

a = 12,3 cm b = 5,45 dm = ________ cm c = 46,8 mm = ________ cm d = 5 mm = ________ cm

Rechne mit diesen Näherungswerten (in der Einheit cm) und gib einen Fehlerbereich an.
Berechne auch den relativen Fehler.

a) a + b = ____________ ± ____________

relativer Fehler: ____________

b) c − d = ____________ ± ____________

relativer Fehler: ____________

c) a · c = ____________ ± ____________

relativer Fehler: ____________

d) b · c · d = ____________ ± ____________

relativer Fehler: ____________

5 Deutschland hatte im Jahr 2007 rund 82 Millionen Einwohner.
Diese lebten auf einer Fläche von etwa 357 000 km².
a) Wie viele Einwohner je km² lebten in Deutschland?

____________ Einw./km²

b) Laut Statistischem Bundesamt betrug am 31.12.2006 die Einwohnerzahl Deutschlands 82 310 000 und die Fläche Deutschlands war 357 092,90 km² groß. Wie viele geltende Stellen besitzt die Angabe der Einwohnerzahl deiner Meinung nach?

____________ geltende Stellen

Wie viele geltende Stellen hat die Angabe der Fläche Deutschlands?

____________ geltende Stellen

Entwicklung der Bevölkerungszahl in Deutschland

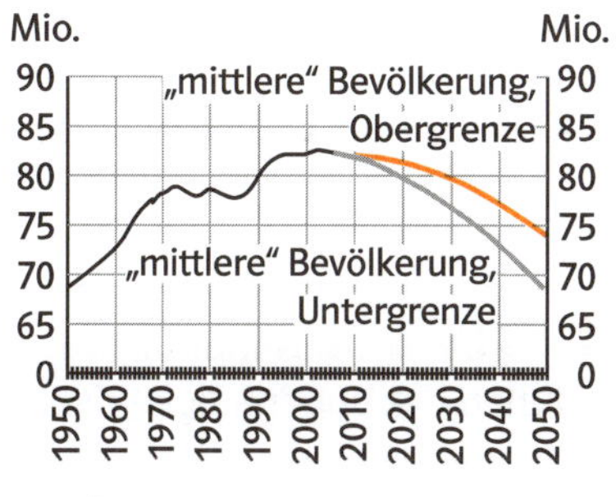

Quelle: Statist. Bundesamt, Nov. 2006

Berechne nun mit diesen Angaben erneut die Anzahl der Einwohner je km²: ____________ Einw./km².
Überlege, wie viele Nachkommastellen bei diesem Ergebnis sinnvoll sind und beachte dabei das Zitat von Gauß oben auf der Seite.

Fülle die Lücken. Für jeden Buchstaben findest du einen Strich. Löse dann die Beispielaufgaben.

Zahlbereiche

Rationale Zahlen sind Zahlen, die man als Bruch, z. B. $-\frac{7}{11}$, schreiben kann. Eine rationale Zahl kann man auch als einen abbrechenden oder periodischen Dezimalbruch schreiben, hier: $-\frac{7}{11} = -0,\overline{63}$

Alle anderen Zahlen sind **irrationale Zahlen.**
Als **reelle Zahlen** bezeichnet man die rationalen und irrationalen Zahlen zusammen.

Reelle Zahlen

_ _ _ _ _ _ _ _ _ Zahlen
- Bruchzahlen
- periodische Dezimalbrüche
- abbrechende Dezimalbrüche

_ _ _ _ _ _ _ _ _ _ _ Zahlen
- alle nicht periodischen und nicht abbrechenden Dezimalbrüche

Wurzeln

Unter der Schreibweise $\sqrt{a}$ versteht man diejenige positive reelle Zahl x, deren Quadrat a ergibt, also $x^2 = a$. Da das Quadrat einer Zahl niemals negativ ist,

darf auch a nicht _ _ _ _ _ _ _ sein.

Viele Wurzeln sind _ _ _ _ _ _ _ _ _ _ _ Zahlen und können daher nur als Näherungswert angegeben werden.
Die n-te Wurzel $\sqrt[n]{a}$ ist diejenige positive Zahl x, für die gilt: $x^n = a$.

- $\sqrt{169} =$ ________
- $\sqrt{2} \approx$ ________
- $\sqrt{8} \approx$ ________
- $\sqrt[3]{64} =$ ________
- $\sqrt[4]{81} =$ ________
- $\sqrt[5]{9} \approx$ ________
- $\sqrt[6]{6} \approx$ ________

- Die Gleichung $x^2 = 3$ hat zwei Lösungen, nämlich $x = \sqrt{3}$ und $x =$ ________

Rechnen mit reellen Zahlen

Neben den bekannten Rechengesetzen, die auch für reelle Zahlen gelten, gibt es Regeln für Wurzeln.
Für $a \geqq 0$ und $b \geqq 0$ (bzw. $b > 0$ in 2.)

1. Produkte von Wurzeln $\sqrt{a} \cdot \sqrt{b} = \sqrt{a \cdot b}$
2. Quotienten von Wurzeln $\frac{\sqrt{a}}{\sqrt{b}} = \sqrt{\frac{a}{b}}$
3. Teilweises Wurzelziehen $\sqrt{a^2 b} = a \cdot \sqrt{b}$
4. Ausklammern und Ausmultiplizieren $n \cdot \sqrt{a} + m \cdot \sqrt{a} = (n + m) \cdot \sqrt{a}$
5. Rationalmachen des Nenners $\frac{a}{\sqrt{b}} = \frac{a \cdot \sqrt{b}}{\sqrt{b} \cdot \sqrt{b}} = \frac{a \cdot \sqrt{b}}{b} = \frac{a}{b} \cdot \sqrt{b}$

- $\sqrt{2} \cdot \sqrt{8} = \sqrt{2 \cdot 8} = \sqrt{\_\_\_\_} = \_\_\_\_$
- $\frac{\sqrt{8}}{\sqrt{2}} = \sqrt{\frac{\square}{\square}} = \sqrt{\_\_\_\_} = \_\_\_\_$
- $\sqrt{8} = \sqrt{4} \cdot \sqrt{2} = \_\_\_\_ \cdot \sqrt{\_\_\_\_}$
- $2 \cdot \sqrt{5} + 4 \cdot \sqrt{5} = (\_\_\_ + \_\_\_) \cdot \sqrt{5} = \_\_\_\_ \cdot \sqrt{\_\_\_\_}$
- $\frac{9}{\sqrt{3}} = \frac{9 \cdot \square}{\sqrt{3} \cdot \square} = \frac{9 \cdot \square}{\square} = \_\_\_\_ \cdot \sqrt{\_\_\_\_}$

Rechnen mit Näherungswerten

Will man die Ungenauigkeit von Messwerten bei der Rechnung berücksichtigen, so gibt man den kleinst- und den größtmöglichen Wert des Ergebnisses an („Doppelrechnung").
Die Abweichung kann man als absoluten oder als

_ _ _ _ _ _ _ _ _ Fehler (oft in Prozent) angeben.

- Ein rechteckiges Feld wurde metergenau vermessen. Es ist 51 m lang und 29 m breit. Der Flächeninhalt beträgt dann

$A = 51\,m \cdot 29\,m =$ ________ m^2.

Kleinster Wert: $50,5\,m \cdot$ ______ $m =$ ________ m^2

Größter Wert: $51,5\,m \cdot$ ______ $m =$ ________ m^2

Das Ergebnis ist also $1479\,m^2 \pm$ ________ m^2

Das entspricht einem relativen Fehler von ca. ______ %.

1 Vereinfache den Term und berechne seinen Wert.

	Term	vereinfachter Term	Wert des Terms für $x = -1$; $y = 0{,}1$
a)	$5x - 1{,}5y + x$	$6x - 1{,}5y$	$6 \cdot (-1) - 1{,}5 \cdot 0{,}1 = -6{,}15$
b)	$4(2x - 3y)$		
c)	$(4x + 12y) \cdot (-2) + 4y$		
d)	$(-3)x + 4y + (-2y) + x$		
e)	$\frac{1}{2}x - \left(\frac{1}{4}x + \frac{3}{2}y\right)$		
f)	$x(5 - 3y)$		
g)	$x(3x + 8y) - 2x(-3x - 2y)$		
h)	$0{,}5x \cdot 3y - (y^2 - x)$		
i)	$(6x - 3y) \cdot 4 + (2y + 3x) \cdot 3$		

2 Jeweils zwei Terme passen zusammen. Notiere in die mittleren Kästchen erst die vereinfachten Terme und verbinde diese dann wie im Beispiel.

$(3x + 5y) - (4x - 3y)$	$-x + 8y$	$8x \cdot \left(-\frac{1}{2}y\right) \cdot (-6x)$
$30xy + 8x^2 - 30y - 7x^2 + 25y - 32xy$		$6 \cdot x \cdot x \cdot 5 + 14y(y - x)$
$3x^2y \cdot 2 + 2xy^2 - 2x(xy + y^2) + 20x^2y$		$\frac{1}{3}x\left(\frac{5}{4}y + \frac{13}{5}\right)$
$5xy + 7x^2 - (11yx - 15y^2) - (8xy + y^2 - 23x^2)$		$7(x + 2y) - (-7y + 3x) + (-4x + 6y)$
$-7(2x - 4y) + 3(5y - 6x) - 8(-4x + 2y)$		$5y - (x - 3y)$
$\frac{2}{3}xy + \frac{5}{3}x - \frac{1}{4}xy - \frac{4}{5}x$		$8y + x(x - 2y) - 3y$

3 a) Stelle einen Term für das Volumen des Körpers auf und vereinfache.

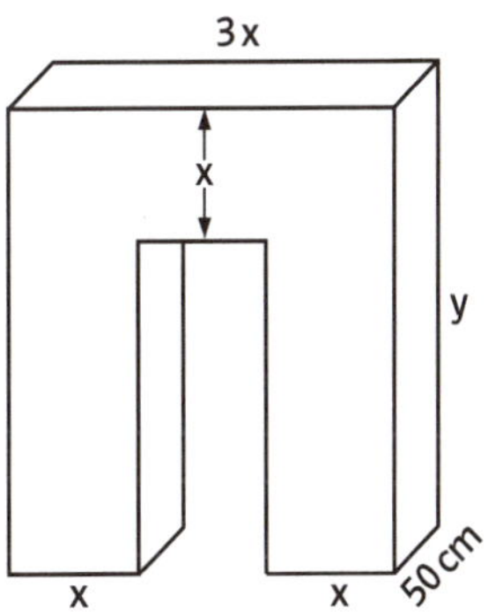

Flächeninhalt der Frontseite: ______________________

____

Volumen: ______________________

____

b) Berechne das Volumen in Liter für $x = 20\,\text{cm}$ und $y = 75\,\text{cm}$.

____

1 Jenny hat vergessen, Klammern zu setzen. Verbessere.

a) $2 \cdot 7x + 4 = 14x + 8$

b) $3xy - 12x^2 = 3x \cdot y - 4x$

c) $-5 \cdot 5 \cdot xy + 4 \cdot x = -25 \cdot xy - 20 \cdot x$

d) $2xy^2z - 2xy \cdot 3x = 6x^2y^2 \cdot z - 6x^2y$

e) $21x^3y - 12x^2y^2 + 9x^2yz = 7x^2y - 4xy^2 + 3xyz \cdot 3x$

2 Klammere den angegebenen Faktor aus. Das Gesetz, das du hier anwendest, heißt

______________________________ .

Faktor	Term	Ergebnis
4	$4x - 8$	$4(x - 2)$
2a	$6a - 4a^2$	
−2	$8b + 12$	
2x	$4xy - 10x$	

3 Fülle die Lücken.

Term	umgeformter Term
$8a - 12b$	____ (2a – ____)
$14xy - 77x^2y + 21xy^2$	____ (2 – ____ + ____)
$-7nm + 3m$	(−1)(____ ▢ ____)
____ + 12xy	____ ·(3x + 2)
$1{,}5x - 4xy + 2x^2y^2$	$\frac{1}{2}$(____ – ____ + ____)

4 Drücke die Mantelfläche des Körpers als Produkt und als Summe aus.

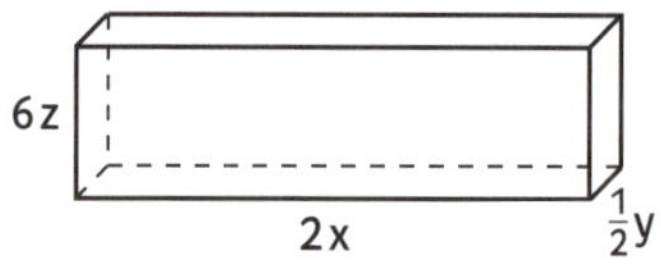

Produkt: ______________________________

Summe: ______________________________

5 Vereinfache den Term durch Ausmultiplizieren und Zusammenfassen. Die Buchstaben der Lösungen ergeben ein Lösungswort. ____________

a) $5x(x + 3y) + (2y - 3x^2) \cdot 4 =$ ____________ ▢

b) $3(x + 5xy) - 2x(x - 4y) =$ ____________ ▢

c) $4\left(\frac{1}{2}x + 6y\right) - (2x - 3y + x) \cdot (-1) =$ ____________ ▢

d) $\frac{1}{2}(6x - 4xy) - (3x + 15xy) : 3 =$ ____________ ▢

e) $-4x(y + 4xy) + 3x(x + 4xy) =$ ____________ ▢

M | $-7xy + 2x$

E | $-4xy - 4x^2y + 3x^2$

U | $5x + 27y$

E | $3x + 23xy - 2x^2$

R | $5x + 21y$

R | $+8x^2 + 8y + 15xy$

T | $-7x^2 + 8y + 15xy$

6 Wandle durch Ausklammern in ein Produkt um. Kürze danach.

a) $\frac{24x + 6y}{6} =$ ____________

= ____________

b) $\frac{-169y + 13xy}{13} =$ ____________

= ____________

c) $\frac{2x - 16y}{2} =$ ____________

= ____________

d) $\frac{-121x^2y - 66xy^2}{11} =$ ____________

= ____________

Zusammengesetzte Flächen – binomische Formeln (2)

1 Schreibe den Flächeninhalt als Produkt und als Summe.

a)
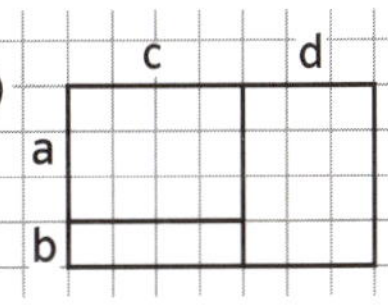

Produkt: ______________________

Summe: ______________________

b)
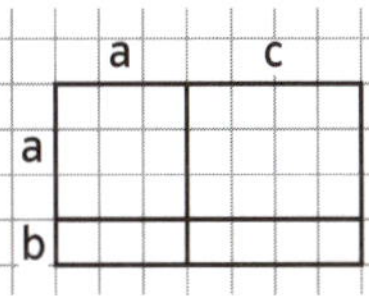

Produkt: ______________________

Summe: ______________________

c)
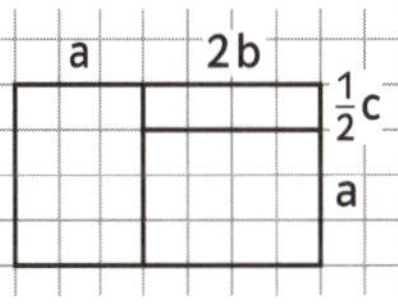

Produkt: ______________________

Summe: ______________________

2 Multipliziere die Summen.

a) $(x + 4) \cdot (y - 7)$

= ______________________

b) $(-2x + p) \cdot (-y + q)$

= ______________________

c) $(-2a - 5)(8b - 12)$

= ______________________

3 Wie wurde hier gerechnet? Fülle die Lücken.

a) $36a - 72ab = 36a$ (_____ – _____)

b) $8x + 28y$ = _____ $\cdot (4x +$ _____)

c) $9xy^2 - 108xy$ = (_____ $- 12x) \cdot$ _____ y

d) $3x^2 + 5x - 12 = (3x$ _____ 4)(x _____ 3)

e) $4ab - 16a + 2b - 8 = (4a$ _____ 2)(b – _____)

f) $7x^2 + 32x - 15 = (7x$ _____ _____)(_____ + 5)

4 Streiche die Fehler und verbessere.

Aufgabe	zusammengefasstes Ergebnis	Verbesserung
a) $\left(\frac{2}{3}x + 8\right)\left(\frac{2}{3}x + 5\right)$	$= \frac{4}{9}x^2 + 31x + 40$	
b) $\left(\frac{5}{7}a + b\right)\left(\frac{3}{5}b + a\right)$	$= \frac{15}{35}a^2 + \frac{10}{7}ab + \frac{3}{5}b^2$	
c) $\left(\frac{3}{2}x + 0{,}5y\right)\left(\frac{2}{3}x + y\right)$	$= x^2 + \frac{11}{6}xy + \frac{1}{2}y^2$	
d) $\left(\frac{1}{2}x - 5y\right)\left(\frac{1}{3}x - y\right)$	$= \frac{1}{5}x^2 - \frac{11}{6}xy + 5y^2$	

5 Klammere aus wie im Beispiel: $(y - 3) \cdot 4 - (y - 3) \cdot 2x = (y - 3) \cdot (4 - 2x)$.

a) $(3{,}7 + y) \cdot 7 + (3{,}7 + y) \cdot 2$

= ______________________

b) $3 \cdot (xy - z) - (xy - z) \cdot 4z$

= ______________________

c) $4(x^2 + 2x) + 5y(x^2 + 2x)$

= ______________________

d) $3a(x^2y - 5) - (-5 + x^2y) \cdot b$

= ______________________

e) $(4x - 2y) \cdot x + (2x - y) \cdot y$

= ______________________

f) $2(ax + b) - 4b(ax + b) + 0{,}5a$

= ______________________

6 Stelle den Term auf. Multipliziere aus.

a) Bilde das Produkt aus der Summe aus 4x und 3y und der Summe aus x und 6.

____

b) Multipliziere die Summe der Zahlen 8 und x mit ihrer Differenz.

____

Zusammengesetzte Flächen – binomische Formeln (3)

1 Je vier Kärtchen gehören zusammen. Verbinde sie wie im Beispiel.

$4x^2$	$9a^2$	x^2	$25y^2$	$16x^2$
$+6bx$	$+4xy$	$-24ab$	$-16xy$	$+2{,}5xy$
$+y^2$	$+9b^2$	$+16b^2$	$+4y^2$	$+\frac{1}{16}x^2$
$=(2x+y)^2$	$=(x+3b)^2$	$=(4x-2y)^2$	$=(3a-4b)^2$	$=\left(5y+\frac{1}{4}x\right)^2$

2 Berechne die Binome mithilfe der Multiplikationstabelle.

a) $(2a-3)^2 = 4a^2 - 12a + 9$

·	2a	−3
2a	$4a^2$	$-6a$
−3	$-6a$	9

b) $(2x+3y)^2 =$ ______

·		

c) $(2x-y)(2x+y) =$ ______

·		

3 Anna hat leider Fehler gemacht. Streiche den falschen Term und berichtige.

a) $(4a+4)^2 = 16a^2 + \cancel{16a} + 16$ $32a$

b) $\left(2x+\frac{1}{2}y\right)\left(-\frac{1}{2}y+2x\right) = 2x^2 - \frac{1}{4}y^2$ ______

c) $(-1a-6)^2 = -a^2 - 12a + 36$ ______

d) $(0{,}5x+0{,}01y)^2 = 0{,}25x^2 + 0{,}01xy + 0{,}01y$ ______

e) $(-10x+7)^2 = 100x^2 - 140x + 49x$ ______

f) $(4x-7y)^2 = 16x^2 - 28y^2 + 49y^2$ ______

g) $(9x-8)^2 = 81x^2 - 126x + 64$ ______

h) $(2xy-3y)^2 = 4x^2y^2 - 12xy + 9y^2$ ______

i) $(4b-4c)(4b+4c) = 16b^2 - 8c^2$ ______

j) $(4yz-12xz)^2 = 16y^2z^2 + 96xyz^2 + 144x^2z^2$ ______

4 Manche Produkte lassen sich mithilfe der binomischen Formeln leicht im Kopf berechnen.

Beispiel 1: $32^2 = (30+2)^2 = 900 + 120 + 4 = 1024$

Beispiel 2: $78^2 = (80-2)^2 = 6400 - 320 + 4 = 6084$

Beispiel 3: $27 \cdot 33 = (30-3)\cdot(30+3) = 900 - 9 = 891$

Berechne ebenso.

a) $43^2 =$ ______

b) $79^2 =$ ______

c) $42 \cdot 38 =$ ______

d) $57 \cdot 63 =$ ______

e) $91^2 =$ ______

f) $81 \cdot 79 =$ ______

g) $12 \cdot 28 =$ ______

h) $39^2 =$ ______

i) $3{,}8 \cdot 4{,}2 =$ ______

Flächeninhalt von Dreiecken, Parallelogrammen und Trapezen

1 a) Ergänze die Längen am Trapez.
b) Verdopple das Trapez zu einem Parallelogramm.
c) Berechne den Flächeninhalt des Parallelogramms.

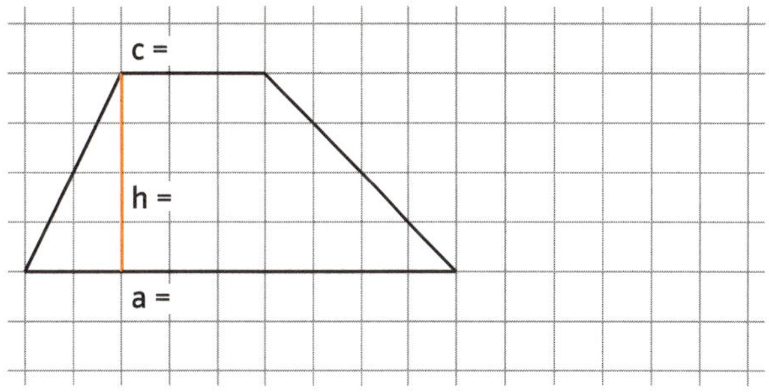

A_P = ______________________________

d) Das Trapez ist ______ so groß wie das Parallelogramm.

A_T = ______________________________

e) Für jedes Trapez gilt daher $A_T = \frac{A_P}{2} = \frac{(\square + \square) \cdot h}{2}$.

2 Du siehst hier die Grundseite a eines Trapezes.
Der Flächeninhalt des Trapezes beträgt 12 cm², c ist 3 cm lang. Berechne h = __________ cm.

Vervollständige das Trapez und miss die fehlenden Längen. b = __________ d = __________

3 Berechne den Flächeninhalt und den Umfang.

a)

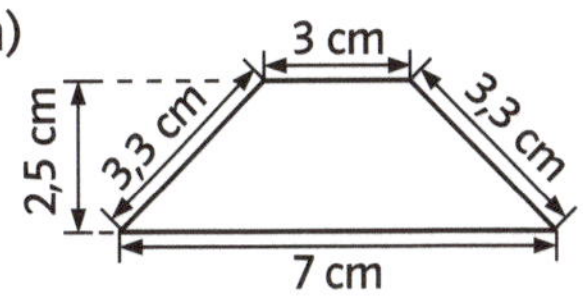

A = ______________________________
= ______________________________
u = ______________________________
= ______________________________

b)

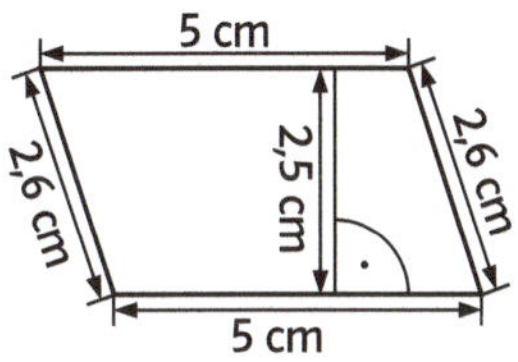

A = ______________________________
= ______________________________
u = ______________________________
= ______________________________

c)

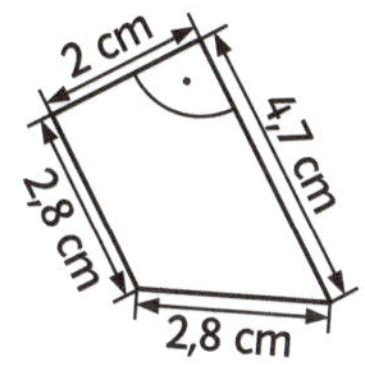

A = ______________________________
= ______________________________
u = ______________________________
= ______________________________

4 Meyers wollen die Giebelwand ihres Hauses verputzen lassen.
a) Wie groß ist die Fläche der Wand insgesamt?

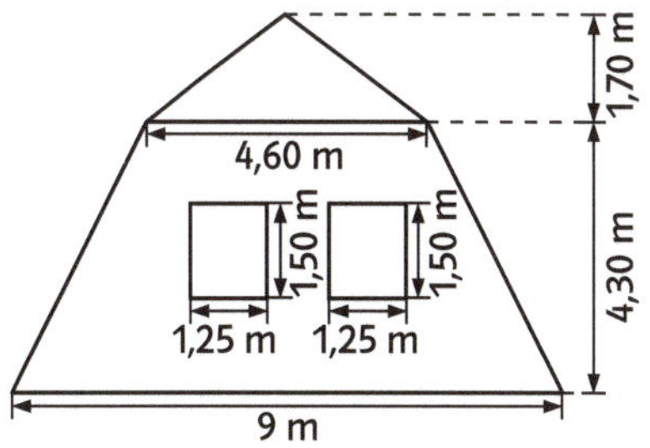

$A_{Dreieck}$ = ______________________________

A_{Trapez} = ______________________________

A_{gesamt} = ______________________________

b) Wie groß ist die zu verputzende Giebelfläche?

$A_{Fenster}$ = ______________________________

$A_{Giebelfläche}$ = ______________________________

c) Wie viel kostet das Verputzen der Giebelfläche, wenn ein Quadratmeter mit 30 € berechnet wird?

Preis = ______________________________

1 Bestimme den Flächeninhalt der Figuren durch geschickte Zerlegung. Zeichne diese ein und notiere die Flächeninhalte der Teilflächen in der Zeichnung.

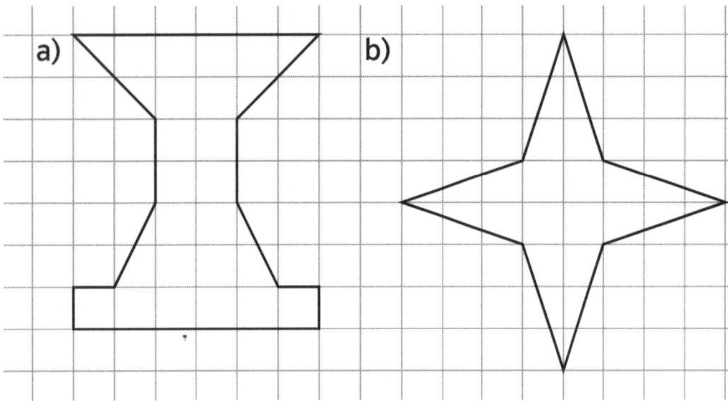

A = ______________ A = ______________

2 Bestimme den Flächeninhalt der Figuren durch geschickte Ergänzung. Notiere die Flächeninhalte der Teilflächen in der Zeichnung.

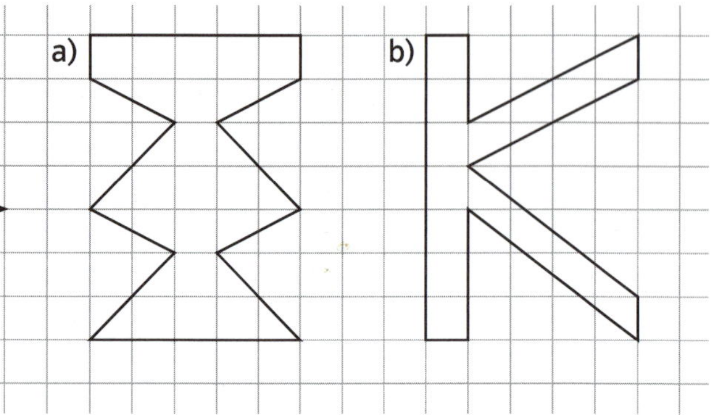

A = ______________ A = ______________

3 Familie Förster möchte in ihrem Wohnzimmer neues Laminat verlegen. Ihr Wohnzimmer hat einen ganz besonderen Grundriss.

a) Wie viel m^2 Laminat benötigen sie mindestens?

A = ______________

Antwort: ______________

b) Das Laminat wird nur in ganzen Quadratmetern verkauft. Der Preis beträgt 9,99 € pro m^2. Wie viel müssen Försters mindestens bezahlen?

Minimale Kosten: ______________

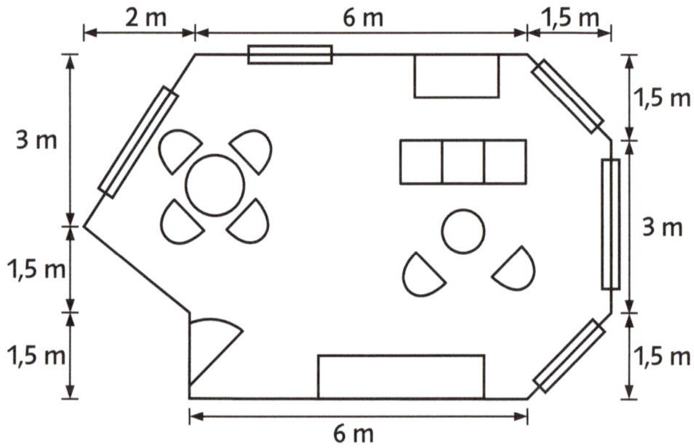

4 a) Zeichne die Vielecke.

Vieleck 1: A(0 | 0,5); B(2 | 1,5); C(2 | 5); D(0 | 4)

Vieleck 2: E(3 | 2); F(6 | 2); G(7 | 4); H(5 | 7,5); J(3 | 4)

Vieleck 3: K(0 | 5,5); L(0,5 | 6); M(3 | 6); N(2 | 7); O(4 | 8); P(1 | 8); Q(0 | 7)

b) Bestimme die Flächeninhalte der Vielecke ohne zu messen. Markiere die Zerlegungen.

A_1 = ______________

A_2 = ______________

= ______________

A_3 = ______________

= ______________

c) Gib den Umfang der Vielecke an. Miss dafür die benötigten Strecken und notiere sie am Vieleck.

u_1 = ______________

u_2 = ______________

u_3 = ______________

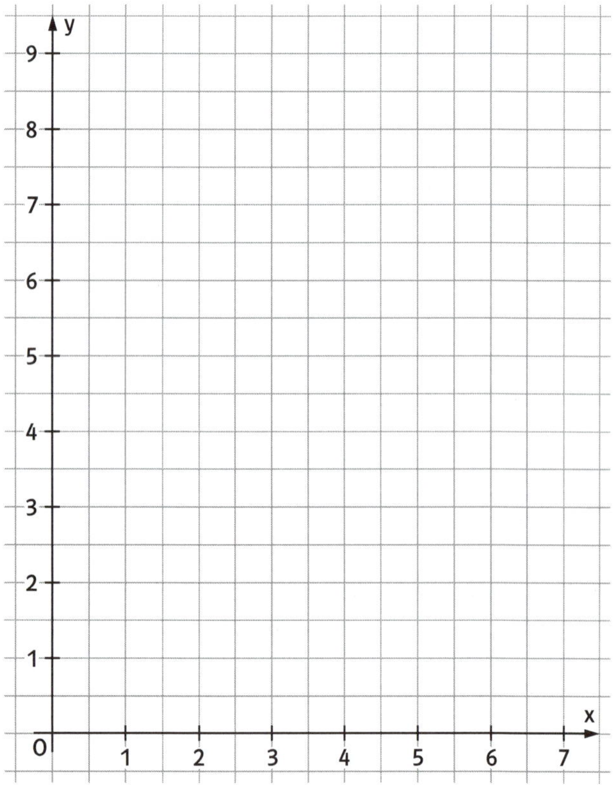

Kreisteile

1 Fülle die Tabelle aus.

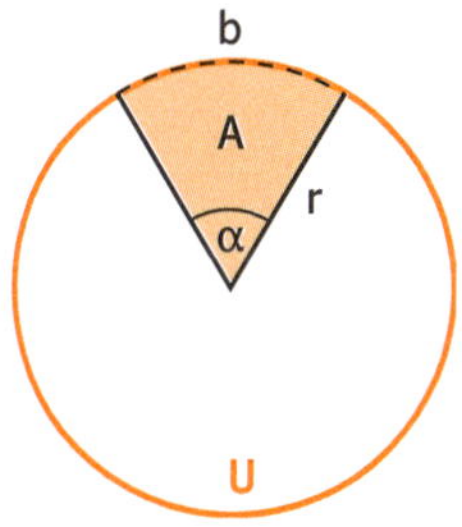

	r	α	b	A	U
a)	3,5 m	200°			
b)		95°	12 m		
c)	3,5 m		1,6 m		
d)		350°			54 m

2 Bestimme den Flächeninhalt und den Umfang der orange gefärbten Flächen (2 Kästchen ≙ 1 cm).

a)

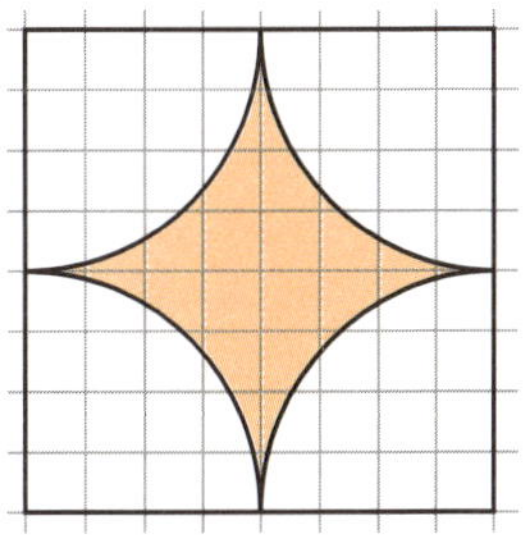

A = ______________

____

____

U = ______________

____

b)

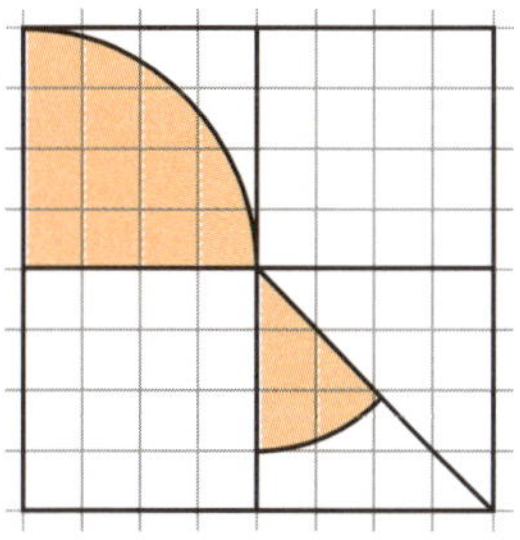

A = ______________

____

____

U = ______________

____

3 Der Tragarm eines Krans ist 17,5 m lang. Er schwenkt um 120°. Mache zunächst eine Skizze.

a) Berechne, wie lang die Strecke ist, die er an der Spitze zurücklegt.

____

____

b) Wie groß ist sein Arbeitsbereich (Fläche), wenn er um maximal 320° schwenken kann?

____

____

Skizze:

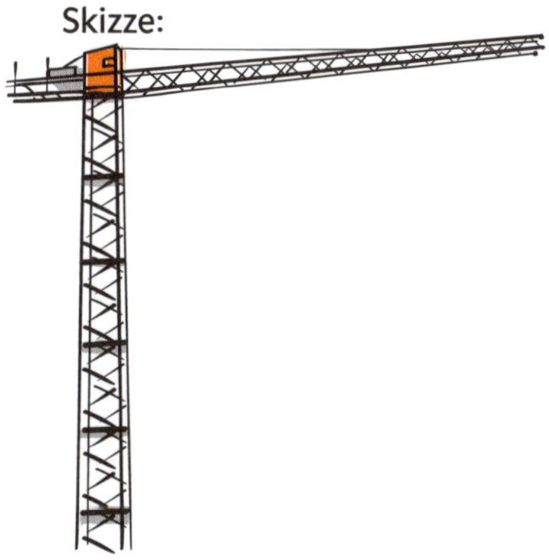

4 Vor den Auszahlungsschaltern einer Bank sind mehrere Videokameras angebracht. Sie lassen sich um 130° schwenken und nehmen in einer Entfernung von bis zu 20 m eine Person gut erkennbar auf. Wie groß ist das Beobachtungsfeld einer Kamera? Lege zunächst eine Skizze an.

Skizze:

Setze in die Formel ein: $A = \square \cdot \square^2 \cdot \frac{\square}{360°}$.

Das Beobachtungsfeld hat einen Flächeninhalt von ______________ m².

1 a) Berechne das Volumen des Prismas.

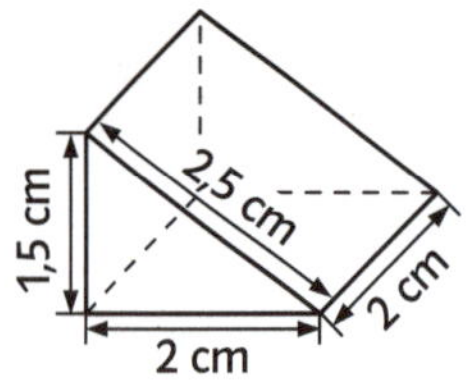

Grundfläche A_G

= ______________________

Volumen V:

= ______________________

= ______________________

b) Berechne die Oberfläche des Prismas.

Grundfläche A_G = ______________________

Mantelfläche M = ______________________

____

Oberfläche O = ______________________

____

2 Berechne Oberfläche und Volumen der abgebildeten Prismen.

a)

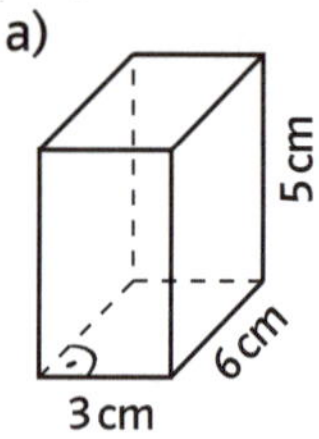

b)

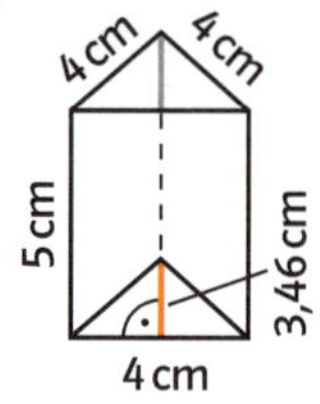

c)

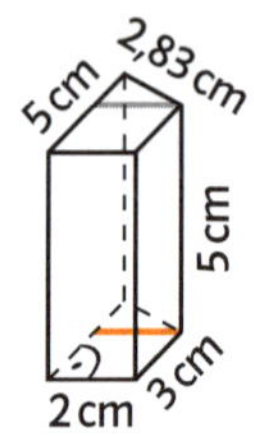

a) O = ______________________

V = ______________________

b) O = ______________________

V = ______________________

c) O = ______________________

V = ______________________

3 Berechne die Größe der Oberfläche und das Volumen eines Prismas, das 12 dm hoch ist und die abgebildete Grundfläche hat.

a)

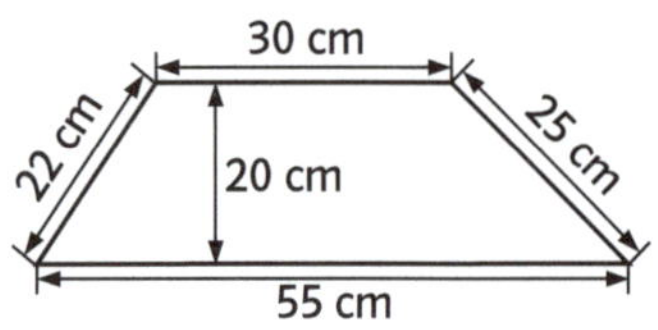

b)

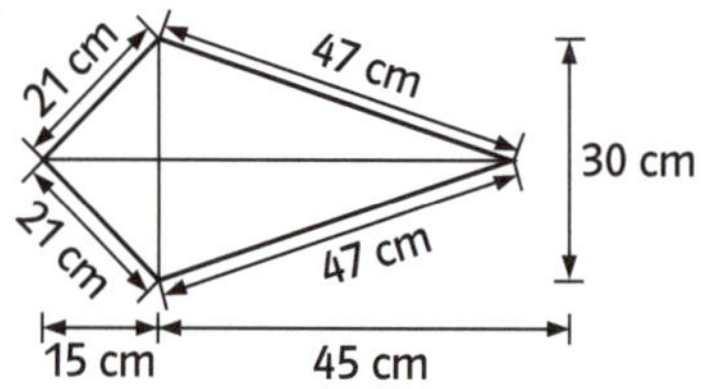

O = ______________________

V = ______________________

O = ______________________

V = ______________________

4 a) Wie viel Wachs wird zum Gießen dieser Kerzen benötigt?

A

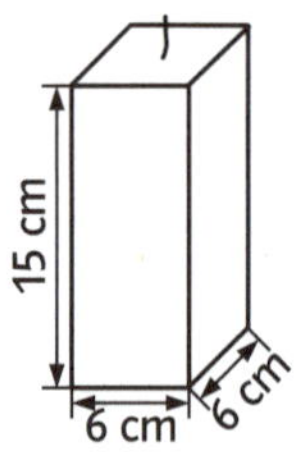

B

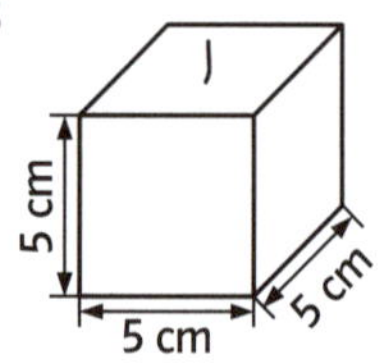

C

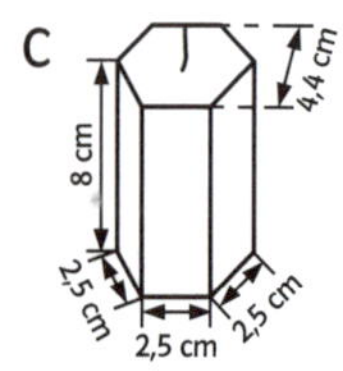

V = ______________________

____

V = ______________________

____

A_G = $6 \cdot A_{Dreieck}$ = ______________________

= ______________________

= ______________________

V = ______________________

b) Die weißen Rohkerzen erhalten durch ein Tauchbad einen 0,5 mm dicken farbigen Wachsüberzug. Berechne die Oberfläche der Kerzen vor dem Eintauchen.

O = ______________________

____

O = ______________________

____

O = ______________________

____

c) Wie viel Liter weißes und farbiges Wachs werden bei der Produktion von 1000 Würfelkerzen (B) verbraucht?

$V_{weißes\ Wachs}$ = ______________________

$V_{farbiges\ Wachs}$ = ______________________

$1\,l = 1\,dm^3$
$1\,ml = 1\,cm^3$

1 Da das Grundstück von Schuberts an einem Hang liegt, muss Herr Schubert den 6 m langen Weg zum Haus abstützen. Dafür benötigt er Stahlbetonfertigteile.

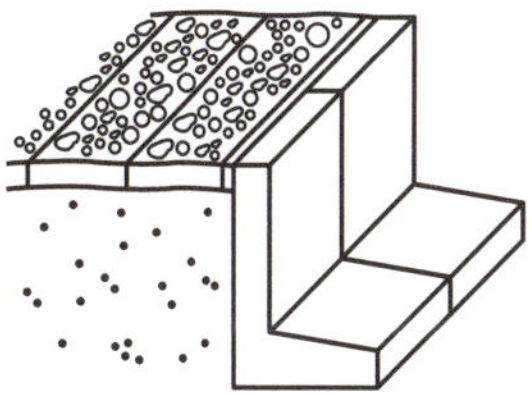

a) 1 cm^3 Stahlbeton wiegt 2,5 g. Wie viel wiegt ein Fertigteil?

A_G = ______________________________

= ______________________________

V = ______________________________

Gewicht: ______________________________

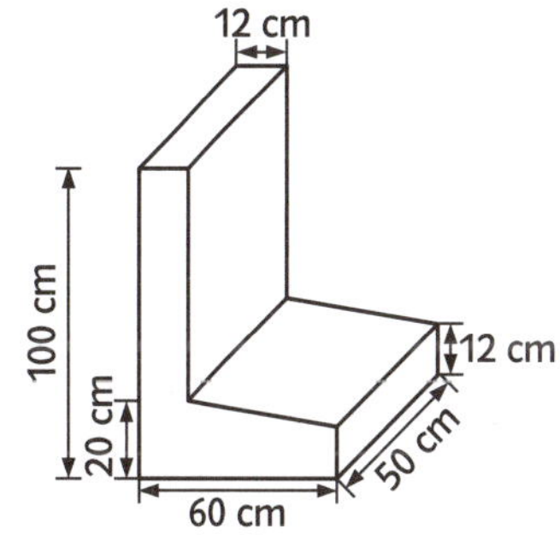

b) Der geliehene Lastwagen hat eine Zuladung von 3 t. Können die benötigten Fertigteile alle gleichzeitig mitgenommen werden?

____

Antwort: ______________________________

2 In einer Bodenvase liegt ein farbiger Glasstein mit 8 cm tiefen, quaderförmigen Löchern für einzelne Blumenstiele. Wie viele Liter Wasser wurden in die Vase gefüllt, wenn es 20 cm hoch steht?

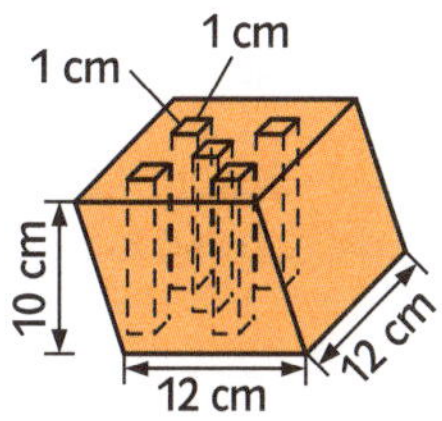

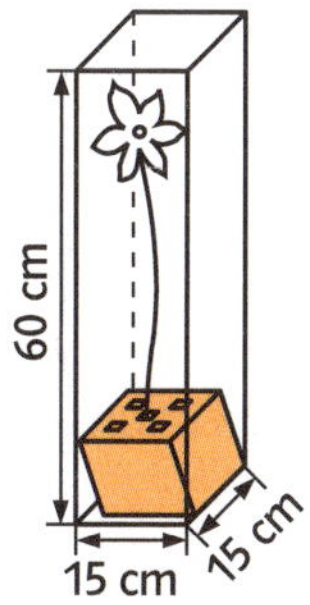

$V_{Glasstein}$ = ______________________________

= ______________________________

V_{Wasser} = ______________________________

In die Vase werden __________ Liter Wasser gefüllt.

3 Silvia verteilt die Eisschokolade aus dem achtseitigen Saftkrug auf acht Gläser. Der Krug ist innen 20,3 cm hoch und bis 1,3 cm unter den Rand gefüllt.

a) Wie hoch ist ein Glas gefüllt?

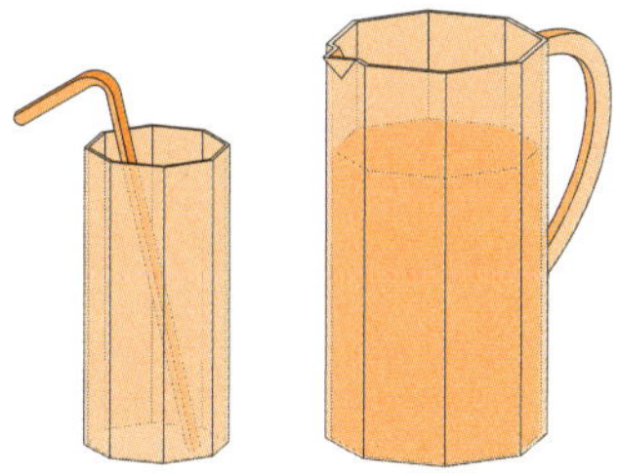

$A_{Krugboden}$ = ______________________________

$V_{Getränk\ im\ Krug}$ = ______________________________

$V_{Getränk\ pro\ Glas}$ = ______________________________

$A_{Glasboden}$ = ______________________________

= ______________________________

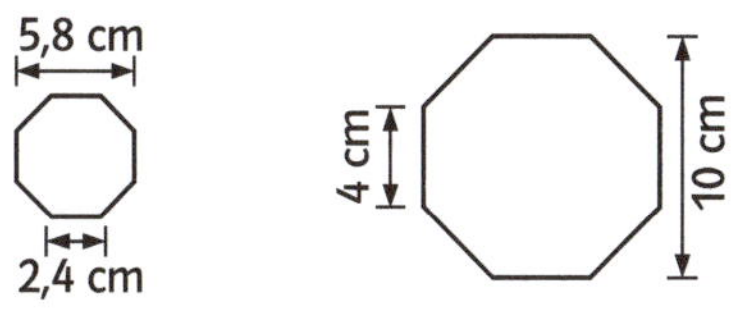

Höhe h des Getränks im Glas: h = ______________________________

Das Getränk steht ungefähr __________ hoch im Glas.

b) Silvia will in jedes Glas zwei Kugeln Vanilleeis hineingeben. Von ihrer letzten Party weiß sie, dass sie aus einer großen Packung Eis (1400 ml) 20 Kugeln erhält. Die Gläser sind innen 13 cm hoch. Kann sie die Eiskugeln einfüllen, ohne dass die Eisschokolade überläuft?

$V_{Eiskugel}$ = ______________________________

$V_{Eis\ und\ Getränk}$ = ______________________________

V_{Glas} = ______________________________

Wenn sie zwei Eiskugeln in die Eisschokolade gibt, läuft die

Eisschokolade ______________________________.

Prisma und Zylinder (3)

1 Von einem Kreiszylinder sind einige Werte gegeben. Berechne die fehlenden Werte.

	r	d	h	G	M	O	V
a)	3 cm		4 cm				
b)		14 cm	2 cm				
c)			6 cm		56,55 cm^2		
d)			15 cm	314,16 cm^2			4712,39 cm^3
e)	12 cm			452,39 cm^2			9047,79 cm^3

2 Bei einer Großbaustelle wird die Betonsohle mit zylindrischen Pfählen gesichert, die über die gesamte Fläche eingebracht werden. Jeder der 204 Pfähle hat einen Durchmesser von 63,5 mm und eine Länge von 6 m.

a) Das Volumen eines Pfahls ist $V = \pi \cdot r^2 \cdot h$.

V ≈ ______________________________ m^3

b) Alle Pfähle haben ein Gesamtvolumen von V = ______________________________ m^3.

c) Ein gewöhnlicher Betonmischer kann mit einer Fuhre 8 m^3 Beton transportieren. Zu Beginn der Arbeiten ist das Fahrzeug bereits zu 60 % leer. Reicht die Füllung, um alle Pfähle mit Beton zu füllen?

____

3 Eine zylinderförmige Ananasdose mit einem Inhalt von 580 ml hat einen Durchmesser von 8,5 cm.

1ml = 1cm^3

a) Berechne die Höhe und die Oberfläche der Dose.

V = __________ Formel nach h umstellen: __________

V = 580 ml = __________ cm^3 h = ______________________________

O = ______________________________

b) Die Dose soll mit einer Banderole aus Papier umklebt werden. Der Klebefalz soll 1 cm betragen. Gib die Maße und die Fläche der Banderole an.

4 Ein Litermaß hat einen Innendurchmesser von 10 cm und eine Innenhöhe von 15 cm.

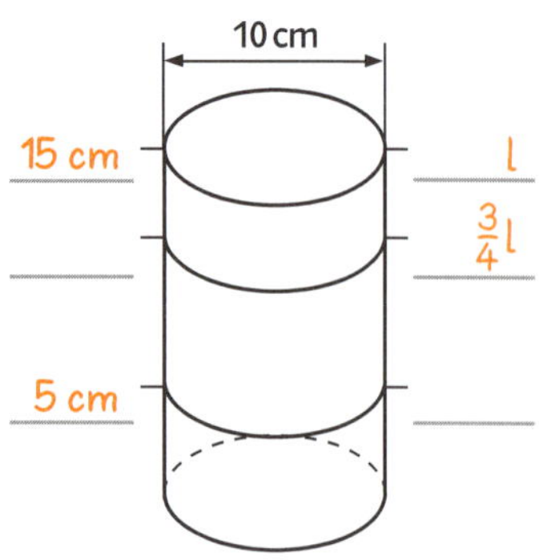

a) Wie viel Liter Wasser enthält das Litermaß, wenn man es bis zum Rand füllt? ______________________________

b) Wie hoch steht das Wasser bei den anderen Markierungen?

Wie viel Liter sind das? ______________________________

Beschrifte das Litermaß auf beiden Seiten mit gerundeten Werten.

1 Berechne Volumen und Oberfläche des ausgebohrten Quaders.

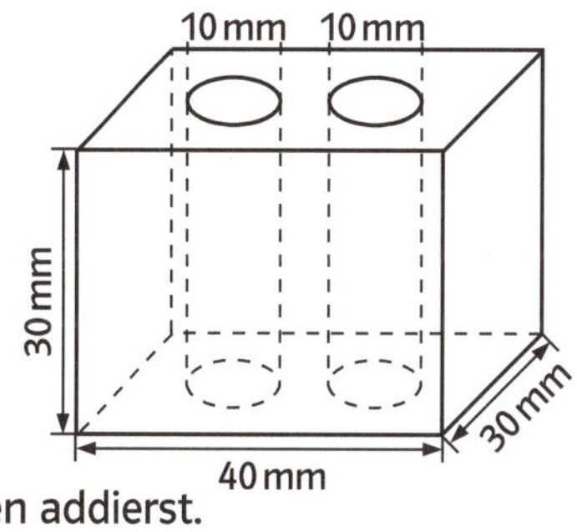

a) Der Quader hat das Volumen V = ______________________________ .
Ein zylinderförmiges Loch hat das Volumen

V = ____ .
Also hat der durchlöcherte Quader ein Restvolumen von

____ .

b) Berechne die Oberfläche des durchbohrten Quaders, indem du alle Teilflächen addierst. Berücksichtige auch die innen liegenden Flächen.

O = 2 · ________ mm^2 + 2 · ________ mm^2 + 2 · (________ mm^2 − 2 · ________ mm^2) + 2 · ________ mm^2

____

2 Familie Schulz möchte ein Waschbecken aus Granit anfertigen lassen. Es soll aus einer Platte bestehen, in die ein Halbzylinder gefräst wird. Der Durchmesser des Halbzylinders beträgt 30 cm.

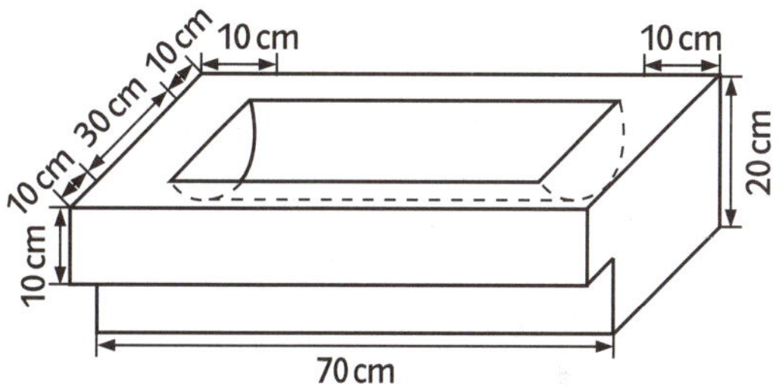

a) Berechne das Volumen der Platte ohne die Ausfräsung.

V = ______________________________

= ______________________________

b) Berechne, wie viel Liter Wasser das Waschbecken fasst.

V = ____

c) Granit wiegt 2800 kg pro Kubikmeter. Wie schwer ist das Becken?

____

____

d) Wie schwer wäre das vollständig mit Wasser gefüllte Waschbecken?

____

3 Berechne das Volumen und die Oberfläche des Körpers (Maße in mm).

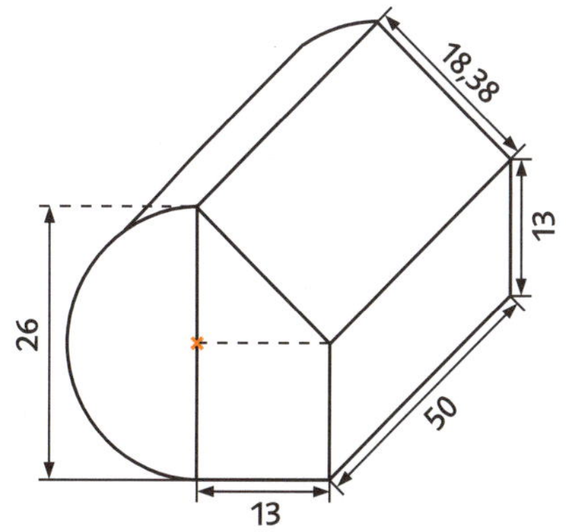

4 Ein Kabel von 12 mm Durchmesser und 2000 m Länge soll eine Ummantelung aus Gummi von 1 mm Wandstärke erhalten.
a) Fertige eine Skizze vom Querschnitt an.
b) Wie viel Kilogramm Kunststoff werden gebraucht, wenn 1 cm^3 des Materials 0,9 g wiegt?

____

____

Fülle die Lücken. Für jeden Buchstaben findest du einen Strich. Löse dann die Beispielaufgaben.

Arbeiten mit Formeln

Nach dem _ _ _ _ _ _ _ _ _ _ der Formel kann man die Formel vereinfachen, indem man gleichartige _ _ _ _ _ _ _ _ _ zusammenfasst. Nach der Umformung muss die gesuchte Größe _ _ _ _ _ _ auf einer Seite des Gleichheitszeichens stehen.

Bei quadratischen Größen kann man auf beiden Seiten die _ _ _ _ _ _ ziehen, wenn dabei keine Wurzel aus einer negativen Zahl gezogen werden müsste.

Die orange Fläche ist $21\,cm^2$ groß.

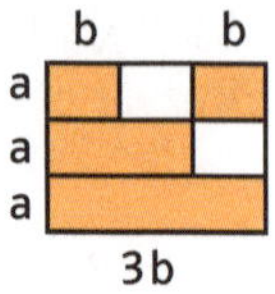

■ Berechne b für a = 1,5 cm.

Formel für die Fläche A:

A = ______________

Summanden zusammenfassen: A = ________

Einsetzen und nach b auflösen:

21 = ________ b = ________

Multiplizieren von Summen

Da das Distributivgesetz gilt, kann man Klammern auflösen.
Diesen Vorgang nennt man Ausmultiplizieren.

$(a + b) \cdot (c + d) = a \cdot c + a \cdot d + b \cdot c + b \cdot d$

■ $(x + 7) \cdot (2x - 4)$

= ______________

= ______________

Binomische Formeln

1. binomische Formel: $(a + b)^2 = a^2 + 2ab + b^2$
2. binomische Formel: $(a - b)^2 = a^2 - 2ab + b^2$
3. binomische Formel: $(a + b) \cdot (a - b) = a^2 - b^2$

Die binomischen Formeln kann man zum Ausmultiplizieren oder zum Berechnen von Quadratzahlen nutzen.

■ 41^2 = (40 + ____) · ________

= 40^2 + 2 ____________

= ______________ = 1681

Flächeninhalte von Vielecken

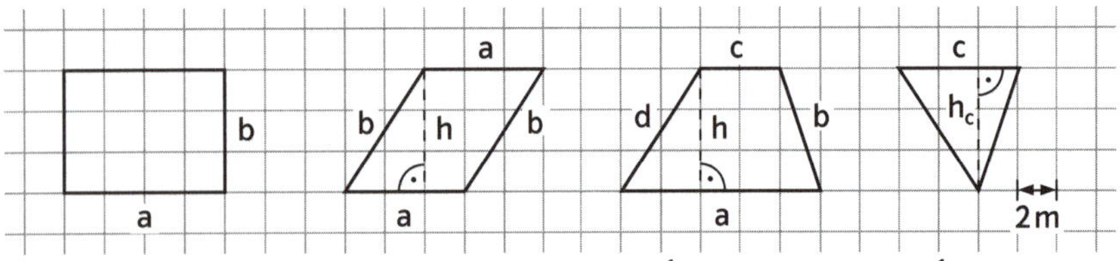

Rechteck: $A = a \cdot b$

Parallelogramm: $A = a \cdot h$

Trapez: $A = \frac{1}{2} \cdot (a + c) \cdot h$

Dreieck: $A = \frac{1}{2} \cdot c \cdot h_c$

■ Flächeninhalte der links abgebildeten Figuren:

Rechteck: A = ________ = ________

Parallelogramm: A = ________

Trapez: A = ________

Dreieck: A = ________

Kreise und Kreisausschnitte

Die Kreiszahl $\pi \approx 3{,}14$ ist irrational.
Umfang eines Kreises: $U = 2\pi r$
Flächeninhalt eines Kreises: $A = \pi r^2$
Für den Kreisausschnitt mit dem Mittelpunktswinkel α gilt:

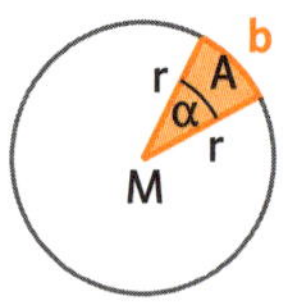

Bogenlänge $b = 2\pi r \cdot \frac{\alpha}{360°}$ Flächeninhalt $A = \pi r^2 \cdot \frac{\alpha}{360°}$

■ Kreis mit Radius r = 5 cm

U = ______________

A = ______________

■ Kreisausschnitt mit α = 60°, r = 5 cm

b = ________ A = ________

Prismen und Zylinder

Die Berechnungen von Prismen und Zylindern gleichen sich.

V = Grundfläche · Körperhöhe O = 2 · Grundfläche + Mantelfläche

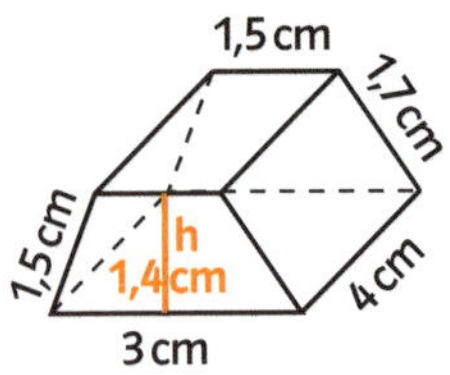

$V = G \cdot h$

$O = 2 \cdot G + M$

Prisma mit viereckiger Grundfläche

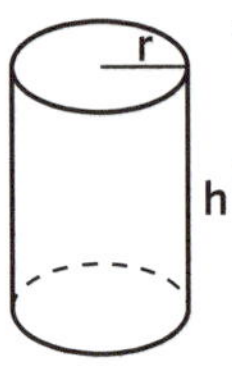

V = ________

$O = 2 \cdot \pi \cdot r^2 + 2 \cdot \pi \cdot r \cdot h$

■ Prisma (siehe Abbildung links)

Volumen V = ____________ cm^3

Oberfläche O = ____________ cm^2

■ Zylinder mit r = 4 m, h = 13,4 m

Volumen V = ____________ m^3

Oberfläche O = ____________ m^2

1 Kreuze alle Bereiche an, zu denen die Zahl gehört.

	natürliche Zahl	ganze Zahl	rationale Zahl	irrationale Zahl
1	○	○	○	○
−1	○	○	○	○
$\frac{1}{2}$	○	○	○	○
−1,5	○	○	○	○
1,010 01…	○	○	○	○
$1,\overline{1}$	○	○	○	○

2 Ordne der Größe nach.

a) $\sqrt{5}$; 2,32; $2,\overline{23}$; $\sqrt{6}$; $2,\overline{4}$; 2,46

b) $\sqrt{7}$; $\sqrt{8}$; 2,5; 2,46; $2,\overline{82}$; 2,64

3 Rechne mit den Näherungswerten.

a) 1,2 km + 2,34 km = ______ ± ______

b) 1,587 g − 0,187 g = ______ ± ______

c) 1,2 cm · 3 mm = ______ ± ______

d) $1{,}50\,\text{cm}^2 : 0{,}5\,\text{cm}^2$ = ______ ± ______

4 Simon misst die Seitenlängen seines Schultisches. Nach seiner Messung ist er 1,29 m lang und 66 cm breit. Berechne Umfang und Fläche des Tisches mit diesen Näherungswerten und runde sinnvoll.

Umfang: zwischen ______ und ______

Fläche: zwischen ______ und ______

5 Vereinfache mithilfe der binomischen Formeln.

a) $(2x + 3y)^2$ =

b) $(9xy - x)^2$ =

c) $(5n - 4m)(4m + 5n)$ =

d) $\left(\frac{3}{7}v + 7u\right)^2$ =

e) $(-10x + 20y)^2$ =

f) $3(x - 2y)^2$ =

g) $\left(\frac{1}{3}x - \frac{1}{2}y\right)^2$ =

h) $(2 - x)^2 \cdot 2y$ =

6 Berechne das Volumen V und den Oberflächeninhalt O des ausgebohrten Körpers.

a) V =

b) O =

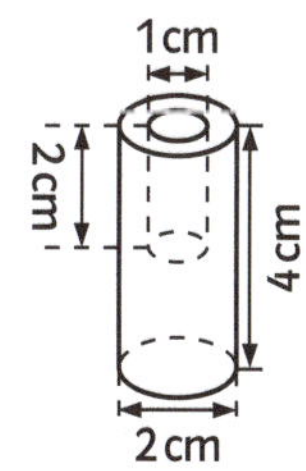

7 Kreuze die richtigen Aussagen an.

a) ☐ Jeder Quader ist ein Würfel.
b) ☐ Jeder Quader ist ein Prisma.
c) ☐ Jeder Würfel ist ein Quader.
d) ☐ Jedes Prisma besitzt acht Flächen.
e) ☐ Jedes Quadrat ist ein Rechteck.
f) ☐ Bei jedem Prisma sind Grundfläche und Deckfläche gleich groß.
g) ☐ Jedes Prisma ist ein Würfel.

8 Tine und Mia wollen Drachen mit den angegebenen Maßen bauen. Welcher Drachen hat die größere Fläche?

A_{Tine} =

A_{Mia} =

Antwort:

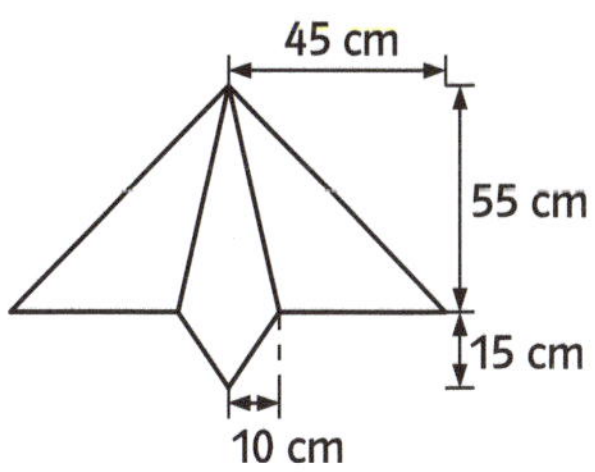

Tines Drachen

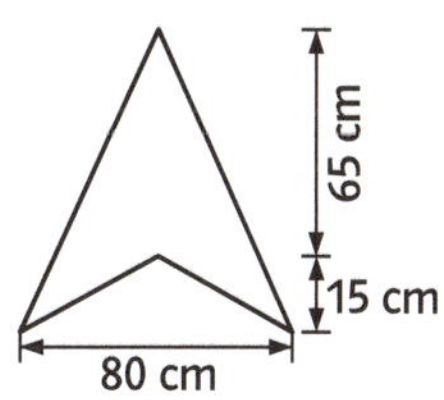

Mias Drachen

1 In einer Urne sind drei Kugeln mit den Zahlen von eins bis drei. Die Kugeln werden gezogen, bis die Urne leer ist. Gib die Wahrscheinlichkeit jeweils mit einem Bruch und in Prozent an.

a) Welche Zahlenkombinationen sind möglich? Liste sie auf.

______ ______ ______ ______ ______ ______

b) Mit welcher Wahrscheinlichkeit ziehst du die „321"? ≈ ______

c) Mit welcher Wahrscheinlichkeit hat man die „3" an letzter Stelle? ≈ ______

d) Mit welcher Wahrscheinlichkeit ist die Zahl ungerade? ≈ ______

e) Wenn noch eine weitere Kugel mit einer „4" dazu kommt, wie viele Möglichkeiten gibt es dann? ______

Die Wahrscheinlichkeit, als Ergebnis eine gerade Zahl zu erhalten, beträgt dann = ______.

2 In einer Schublade liegen vier graue und sechs weiße Socken.

a) Wie oft musst du höchstens (ohne hinzusehen) ziehen, damit du ein passendes Paar hast? ______

b) Trage die möglichen Ergebnisse in den Baum ein und ergänze ihn passend.

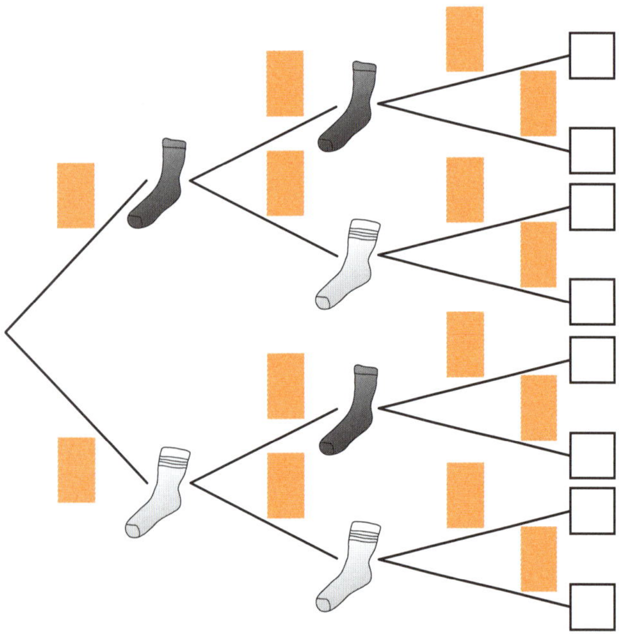

c) Die Wahrscheinlichkeit für 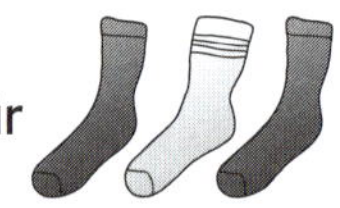 beträgt

______.

d) Die Wahrscheinlichkeit für 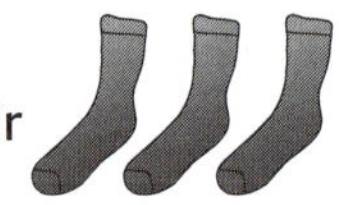 beträgt

______.

3 Zeichne den entsprechenden Baum und bestimme die Wahrscheinlichkeit,

a) bei zwei Würfen zweimal die Eins zu würfeln.

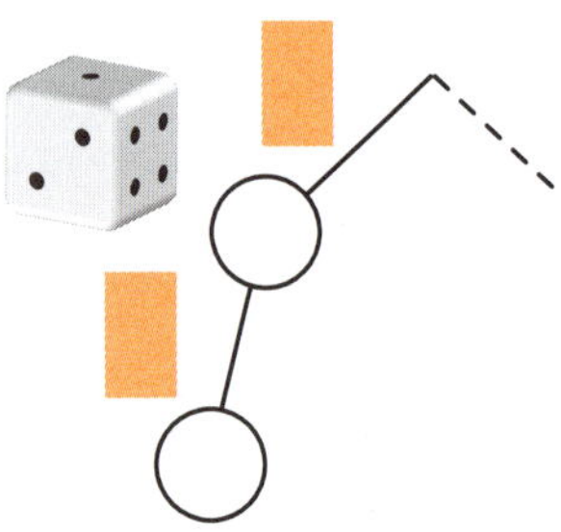

Wahrscheinlichkeit: ______

b) bei zwei Würfen keine Zwei zu würfeln.

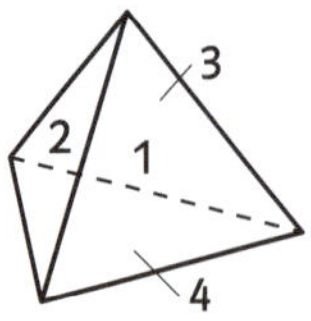

Wahrscheinlichkeit: ______

c) bei zwei Versuchen nur Orange zu drehen.

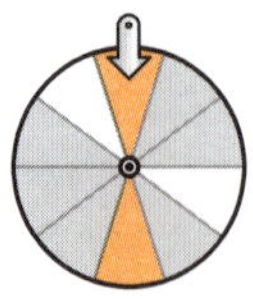

Wahrscheinlichkeit: ______

Pfadregel, Wahrscheinlichkeitsverteilung (2)

1 In einer Kiste liegen sechs Kugeln, auf die Zahlen gedruckt sind (je zweimal die 1, die 2 und die 3). Es werden zwei Kugeln hintereinander gezogen, ohne sie wieder zurückzulegen. Fülle den Baum aus und berechne die Wahrscheinlichkeiten der einzelnen Pfade.

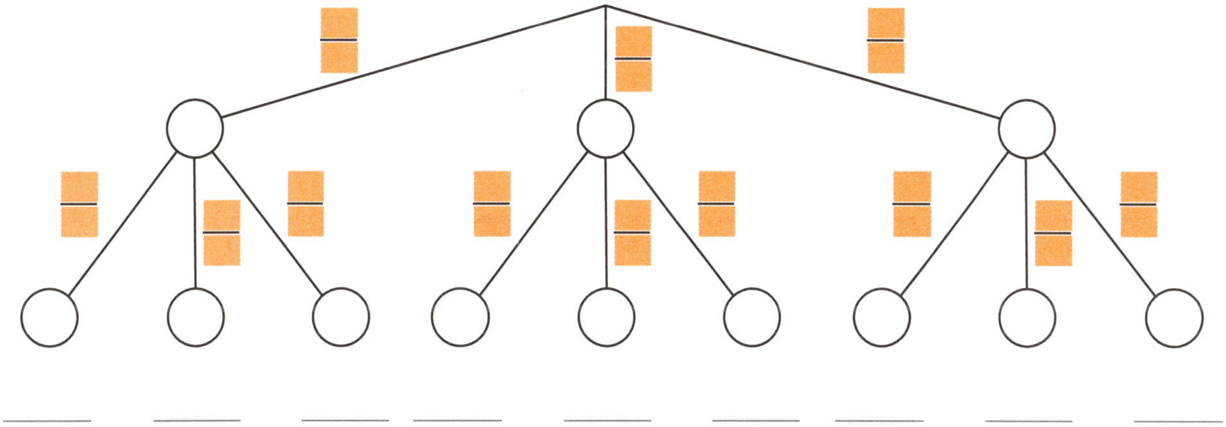

2 In einer Urne befinden sich vier orange und acht weiße Kugeln. Du ziehst zweimal hintereinander. Vervollständige den Baum und berechne die einzelnen Wahrscheinlichkeiten.

a) Ziehen ohne Zurücklegen

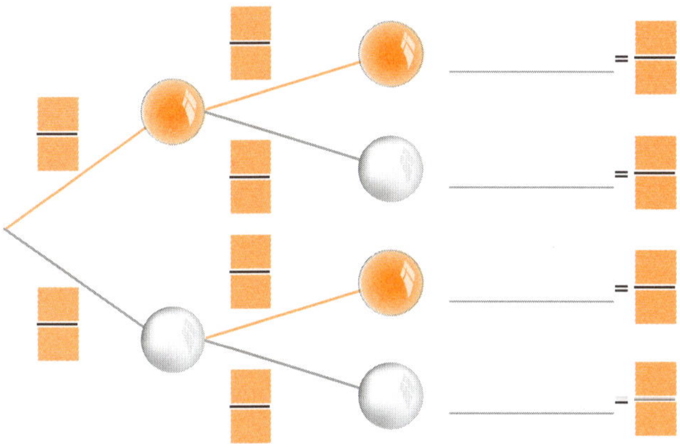

b) Ziehen mit Zurücklegen

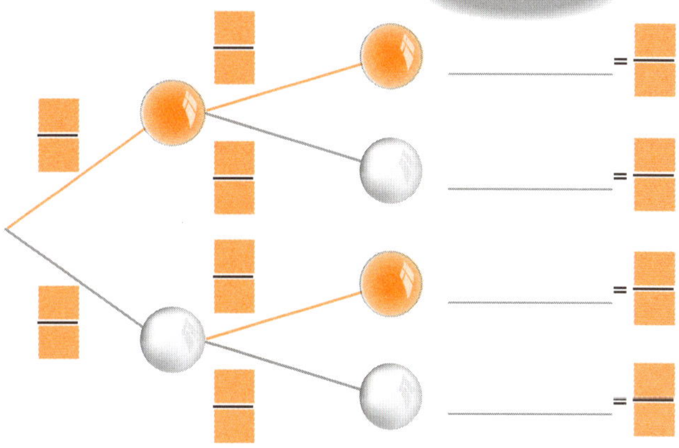

3 Aus einer Urne mit drei orangen und vier weißen Kugeln werden zwei Kugeln ohne Zurücklegen gezogen. Nina hat ein Baumdiagramm dazu gezeichnet. Finde ihre Fehler und verbessere sie. Berechne die Wahrscheinlichkeiten für die einzelnen Pfade. Tipp: Färbe die Kugeln in der Urne entsprechend.

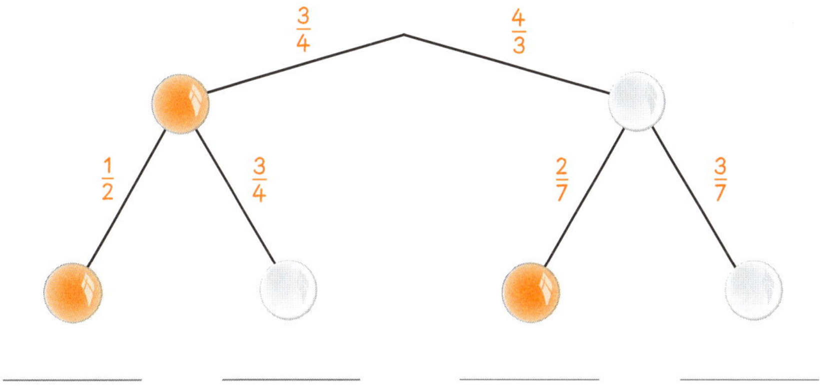

1 Gib die Wahrscheinlichkeitsverteilung an.

a)

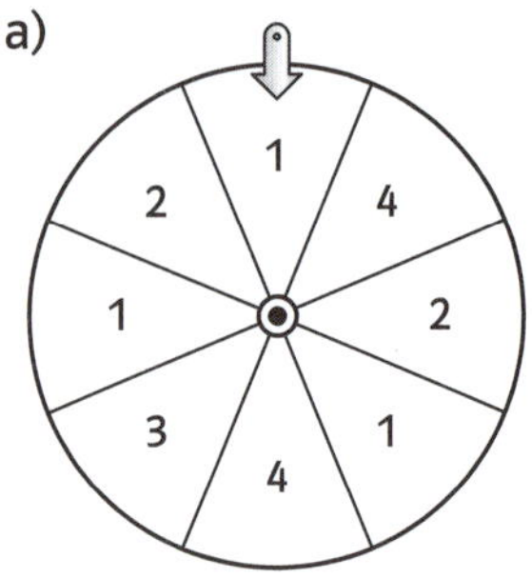

Ergebnis	Wahrscheinlichkeit als Bruch
1	
2	
3	
4	

b)

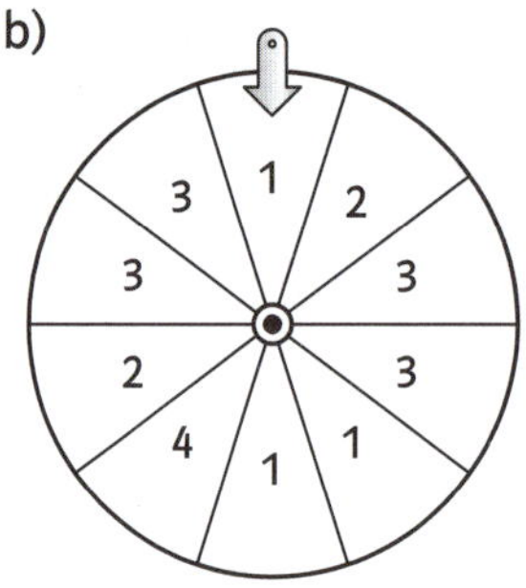

Ergebnis	Wahrscheinlichkeit als %
1	
2	
3	
4	

2 In der Voliere einer Tierhandlung befinden sich verschiedenfarbige Papageien. Es sind fünf überwiegend blaue, drei grüne und vier rote Tiere. Zwei zufällig ausgewählte Vögel werden verkauft.

a) Fülle den Baum aus und berechne die einzelnen Wahrscheinlichkeiten.

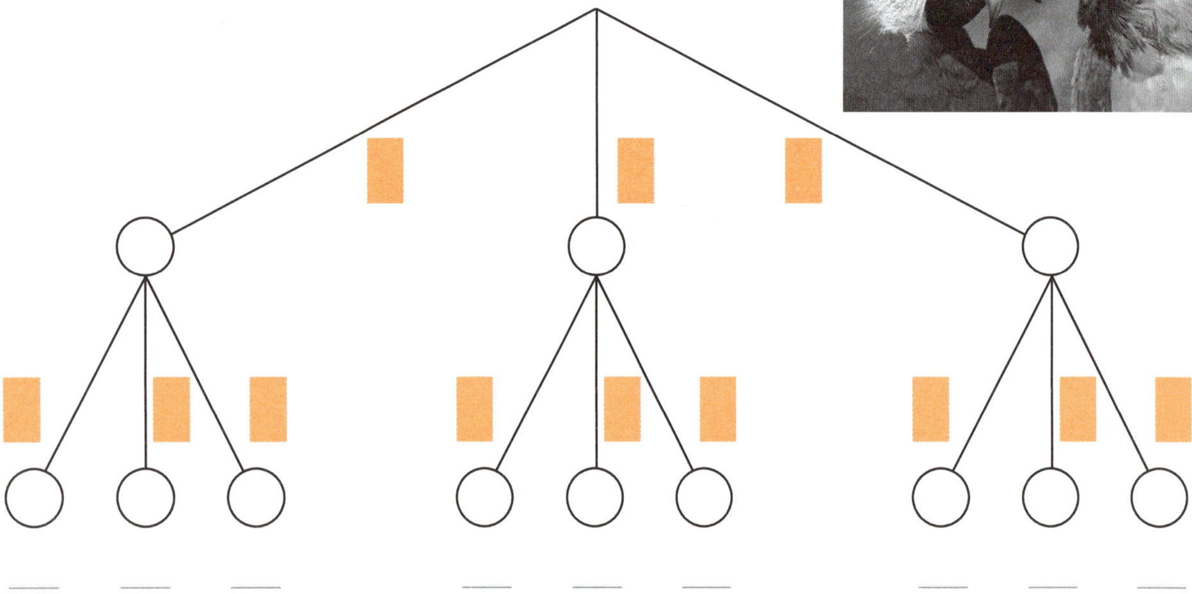

b) Wie groß ist die Wahrscheinlichkeit für den Kunden, dass er einen roten und einen blauen Papagei erhält?

______

c) Wie groß ist die Wahrscheinlichkeit, dass er zwei verschiedenfarbige Papageien erhält?

______

d) Wie groß ist die Wahrscheinlichkeit, dass mindestens ein grüner Papagei ausgewählt wird?

______

3 Du würfelst mit dem Dodekaeder, auf dem die Zahlen von eins bis zwölf sind. Berechne die einzelnen Wahrscheinlichkeiten.

a) Die Wahrscheinlichkeit, eine gerade Zahl zu würfeln, beträgt ______.

b) Die Wahrscheinlichkeit, mindestens eine Fünf zu würfeln, beträgt ______.

c) Die Wahrscheinlichkeit, keine Zehn zu würfeln, beträgt ______.

d) Die Wahrscheinlichkeit, mindestens eine Vier und höchstens eine Acht zu würfeln, beträgt ______.

Lambacher Schweizer 8

Mathematik für Gymnasien

Nordrhein-Westfalen

Lösungen zum Arbeitsheft

Basiswissen/Prozentrechnung, Seite 3

1

$25\,\% = 0{,}25 = \frac{25}{100}$ $\quad 0{,}40 = 40\,\% = \frac{4}{10}$ $\quad 0{,}125 = 12{,}5\,\% = \frac{1}{8}$

$\frac{1}{3} = \frac{33{,}\bar{3}}{100} = 33{,}\bar{3}\,\%$ $\quad 50\,\% = 0{,}5 = \frac{1}{2}$

2

a) $G = \frac{W}{p}$ $\quad$ b) $p = \frac{W}{G}$

3

Waagrecht

b) G = 495 € d) Z = 39 € f) p = 1,7 % g) W = 12
i) G = 5000 € j) G = 12 590 € l) W = 50 kg m) Z = 0,07 €
o) 52,3 q) p = 4 % r) W = 270 s) W = 180 l
t) Z = 200 € u) W = 71,40 € w) p = 15 % x) W = 108

Senkrecht

a) Z = 3150 € b) W = 470 € c) K = 5102 € e) G = 930 €
h) G = 7500 j) G = 1050 k) W = 58,48 GByte
l) p = 5 % n) G = 7960 m s) W = 120 t) G = 2000
p) p = 17 % r) W = 2175 v) p = 45 %

$^{a}3$		$^{b}4$	9	$^{c}5$				$^{d}3$	$^{e}9$	
$^{f}1$	,	7		$^{g}1$	2		$^{h}7$		3	
5		0		0			$^{i}5$	0	0	0
0			$^{j}1$	2	$^{k}5$	9	0			
		$^{l}5$	0		8		$^{m}0$	,	0	$^{n}7$
			$^{o}5$	2	,	3				9
	$^{p}1$		0		$^{q}4$					6
$^{r}2$	7	0		$^{s}1$	8	0		$^{t}2$	0	0
1				2				0		
$^{u}7$	1	,	$^{v}4$	0				0		
5		$^{w}1$	5				$^{x}1$	0	8	

Basiswissen/Terme und Gleichungen, Seite 4

1

a)

Term	$2x - 3$	$-2x + y$	$2y - 3x$	$\frac{1}{2}x + y$	$10x - 2y$
Wert des Terms	1	−1	0	4	14

b) z. B.: $3a + 4b$

2

a) $x \cdot 25\,\% = x \cdot \frac{1}{4} = x : 4 = \frac{x}{100} \cdot 25 = 0{,}25x$

3

a) $y = (7x - 3) - 3x = 4x - 3$
b) $U = 7x - 3 + 2(3x - 1) + 3x + 4x - 2 + y + 2x = 26x - 10$
c) $U = (26 - 10)\,\text{cm} = 16\,\text{cm}$ $\quad A = 4 \cdot 4\,\text{cm}^2 - 2\,\text{cm}^2 = 14\,\text{cm}^2$

4

a)

OnlyMe	
Telefonminuten	monatliche Kosten
0	4,95 €
100	14,95 €
200	24,95 €
300	34,95 €

TelOnMe	
Telefonminuten	monatliche Kosten
0	9,95 €
100	9,95 €
200	10,00 €
599	29,95 €

b) $y = 4{,}95\,€ + x \cdot 0{,}10\,€$; x ist die Anzahl der Telefonminuten
c) bis $x = 199\,\text{min}$: $y = 9{,}95\,€$
ab 200 min: $y = 9{,}95\,€ + (x - 199) \cdot 0{,}05\,€$ oder $y = x \cdot 0{,}05\,€$
d) OnlyMe: 44,95 €; TelOnMe: 20,00 €; also ist TelOnMe günstiger.

Basiswissen/Gleichungen und Äquivalenzumformungen, Seite 5

1

a) $2x + 3$ $\quad$ b) $-12{,}5z + 2$ $\quad$ c) $12z + 8$
d) $5x - 3$ $\quad$ e) $20x - 12$ $\quad$ f) $-16z + 8$
g) $-6z - 14$ $\quad$ h) $13m + 2$ $\quad$ i) $-5x + 22$

2

a) $7 \cdot (1 - 2n)$ $\quad$ b) $15 \cdot (x - 1)$ $\quad$ c) $\frac{1}{4} \cdot (3 - x)$ $\quad$ d) $\frac{2}{5} \cdot (2x - 1)$

3

a) $3x = 3 - 2x$
$5x = 3$
$x = \frac{3}{5}$
Probe: (1) $3 \cdot \frac{3}{5} + 7 = \frac{9}{5} + \frac{35}{5} = \frac{44}{5}$
(2) $10 - 2 \cdot \frac{3}{5} = \frac{50}{5} - \frac{6}{5} = \frac{44}{5}$

b) $-5 + 5x = 0$
$5x = 5$
$x = 1$
Probe: (1) $-5 + 7 \cdot 1 = 2$
(2) $2 \cdot 1 = 2$

c) $2x - 6 = 5x$
$-6 = 3x$
$-2 = x$
Probe: (1) $2 \cdot (-2 - 3) = -10$
(2) $5 \cdot (-2) = -10$

d) $-\left(\frac{1}{3}\right)x = -15$
$x = 45$
Probe: (1) $12 - \frac{1}{3} \cdot 45 = 12 - 15 = -3$
(2) -3

e) $0{,}2x = 12$
$x = 60$
Probe: (1) $0{,}2 \cdot 60 - 4 = 12 - 4 = 8$
(2) 8

f) $7x - 15 - 6x = 7$
$x = 22$
Probe: (1) $7 \cdot 22 - 3 \cdot (5 + 2 \cdot 22) = 154 - 147 = 7$
(2) 7

4
gesucht: Zahl x
Rechnung: $8x - 12 = 4x + 8$; $4x = 20$; $x = 5$
Antwort: Die Zahl heißt 5.

5
gesucht: Alter Pia: $x - 4$; Alter Lotte: x; Alter Fabian: $2x$
Rechnung: $(x - 4) + x + 2x = 36$; $4x - 4 = 36$; $4x = 40$; $x = 10$
Antwort: Pia ist 6, Lotte ist 10 und Fabian ist 20 Jahre alt.

Basiswissen/Häufigkeit und Wahrscheinlichkeit, Seite 6

1
Die Wahrscheinlichkeit für Grau ist $\frac{1}{3}$, die für Weiß ist $\frac{1}{6}$ und die für Orange ist $\frac{1}{2}$.

2

	absolute Häufigkeit	relative Häufigkeit	geschätzte Wahrscheinlichkeit
a)	25	$\frac{25}{50} = 0{,}5$	50 %
b)	5	$\frac{1}{10} = 0{,}1$	10 %
c)	10	$\frac{1}{5} = 0{,}2$	20 %

3
a) bis d)

Wahrscheinlichkeit	Bruch	Dezimalbruch	Prozent
a) die Zahl Fünf zu ziehen	$\frac{1}{8}$	0,125	12,5 %
b) eine gerade Zahl zu ziehen	$\frac{1}{2}$	0,5	50 %
c) eine Zahl größer als Fünf zu ziehen	$\frac{3}{8}$	0,375	37,5 %
d) ein Zahl größer als Sechs zu ziehen	$\frac{1}{4}$	0,25	25 %

Bei d) sind mehrere Wahrscheinlichkeiten möglich, z. B. auch „die Zahl 2 oder 4 zu ziehen".

4
a) $\frac{1}{2}$ b) $\frac{3}{10}$ c) $\frac{1}{100}$ d) $\frac{1}{4}$

5
Es sind insgesamt 16 Kugeln, davon sind acht mit 1, vier mit 2, drei mit 3 und eine mit 5 versehen.
a) $\frac{1}{16}$ b) $\frac{4}{16} = \frac{1}{4}$ c) 200

Basiswissen/Zuordnungen, Proportionalität, Seite 7

1
a) $k = 4u - 13$
b)

Unterarmlänge u in cm	32	34	36	38	40	42	44
Körpergröße k in cm	115	123	131	139	147	155	163

In die letzte Spalte kann die individuelle Unterarmlänge eingetragen und damit die zu erwartende Körpergröße errechnet werden.

c)
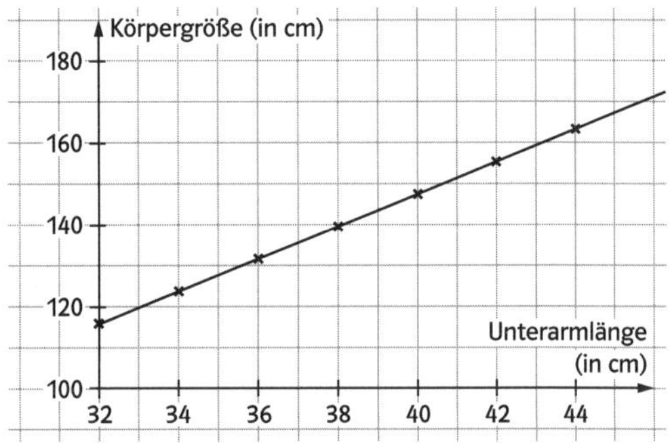

d) Nein, es ist eine Faustregel (Menschen mit gleicher Größe können unterschiedlich lange Unterarme haben).

2
a)
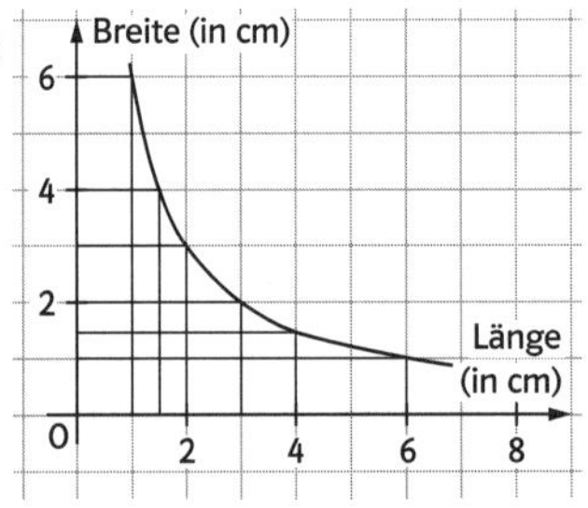

b) Verdoppelt man die Länge, dann halbiert sich die Breite. Drittelt man die Länge, dann verdreifacht sich die Breite.
… antiproportionale Zuordnung …
c) … immer 6 ergibt, … Gleichung $y = \frac{6}{x}$ (oder $y = 6 : x$)

3
a)

Arbeitszeit in h	0,5	1	2	4	6	8
Lohn in €	7,5	15	30	60	90	120

b) Der Quotient … beträgt $15\frac{€}{h}$. Er gibt an, wie viel Lohn für 1 h Arbeitszeit …
c) … proportionale Zuordnung … Gerade, die durch den Punkt (0 | 0) geht.

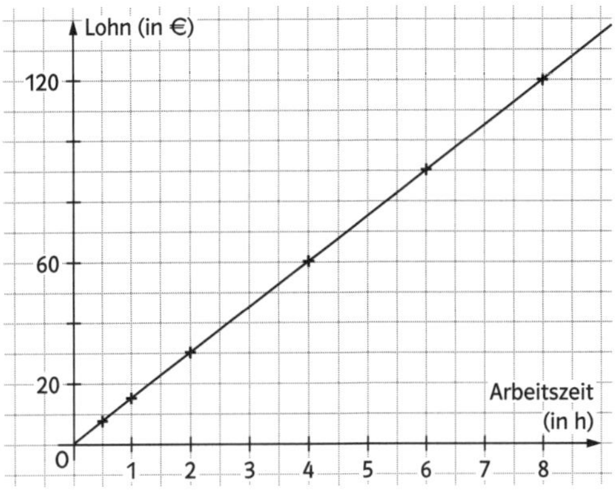

Basiswissen/Lineare Gleichungssysteme, Seite 8

1
I + II: $8x = 42;\ x = 5{,}25$
$y = -0{,}8125$
Probe in Gleichung II: $3 \cdot 5{,}25 - 4 \cdot (-0{,}8125) = 19;\ 19 = 19$

2
I + II: $4y + 120 + 5y = 39;\ y = -9$
$x = 7$
Probe in Gleichung II: $12 \cdot 7 = 4 \cdot (-9) + 120;\ 84 = 84$

3
I + II: $4x - 6 = 2x - 10;\ x = -2$
$y = -7$
Probe in Gleichung II: $2 \cdot (-7) = 2 \cdot (-2) - 10;\ -14 = -14$

4
Beispiele für Lösungen:
a) I: $y = 3x - 2$ b) II: $y = -4x + 3$ c) II: $1{,}5y = 2x + 3$

5
a) EV; II: $y = 4x - 5$ b) GV; II: $y = -4x + 3$
c) EV; II: $y = 3x - 1{,}5$ d) EV; II: $x = -y + 1{,}5$

6
Zu A gehört I + II: $19y = 152$ und die Lösung $(-6\,|\,8)$.
Zu B gehört I + II: $65x = 325$ und die Lösung $(5\,|\,8)$.
Zu C gehört I + II: $x = 1$ und die Lösung $(1\,|\,7)$.
Zu D gehört I + II: $-18y = 36$ und die Lösung $(7\,|\,-2)$

Basiswissen/Beziehung in geometrischen Figuren, Seite 9

1
$\alpha = 50°;\ \beta = 70°;\ \gamma = 60°;\ \delta = 70°;\ \varepsilon = 20°$

2
$\alpha = 40°;\ \beta = 84°;\ \gamma = 56°;\ \delta = 40°$

3
Konstruktion des Inkreismittelpunkts mithilfe der Winkelhalbierenden. Der Inkreis auf der Zeichnung hat in etwa einen Durchmesser von 3,9 cm. Der Durchmesser des Schienenkreises darf höchstens 1,95 m betragen.

4
Der Schnittpunkt der Winkelhalbierenden und der Mittelsenkrechten liegt von beiden Häusern 1,6 cm entfernt, das entspricht 8 m.

5
$54° = 234° - 180°$ $126° = 180° - 54°$

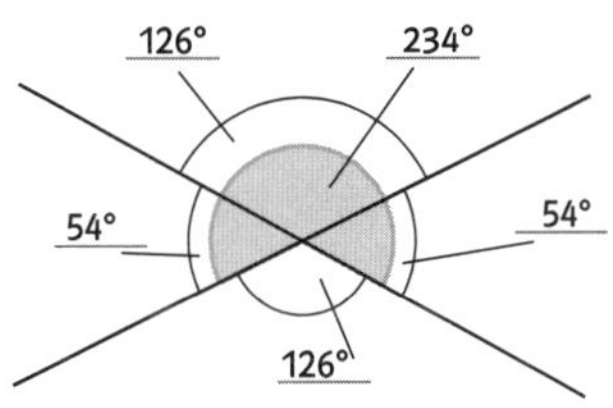

6
a) 720° b) 7 c) 1260°

Basiswissen/Kongruenz, Seite 10

1
Den Kongruenzsatz „www“ gibt es nicht.

2
Wegen des Kongruenzsatzes sws sind die vier Dreiecke zueinander kongruent und daher die vier Seiten des inneren Vierecks gleich lang.

3

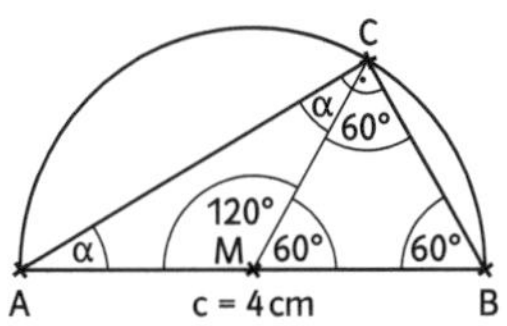

Das Dreieck MBC ist gleichseitig, also ist $a = 2\,cm$.

4
a) sws b) Ssw c) sss d) wsw

5

a) a + b ist kleiner als c.

b) Die Summe der Winkel ist von 180° verschieden.

c) Dem Winkel α liegt die kürzere Seite gegenüber und der Kreis um C mit Radius a schneidet nicht den freien Schenkel von α.

6

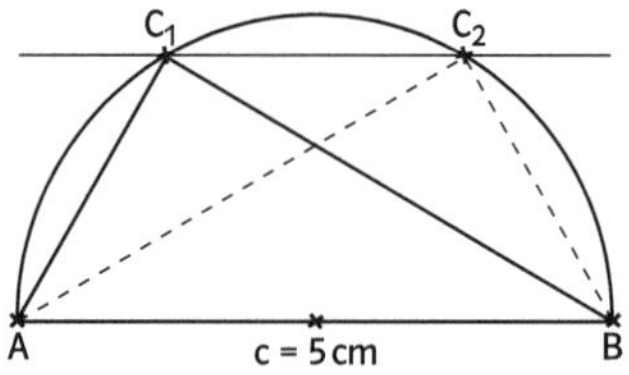

1) Zeichne c = $\overline{AB}$ = 5 cm
2) Thaleskreis über $\overline{AB}$
3) Parallele zu c im Abstand von 2 cm

7

a) b = 4 cm
1) Zeichne a = $\overline{AB}$
2) Senkrechte zu $\overline{AB}$ durch B
3) Kreis um A mit Radius d

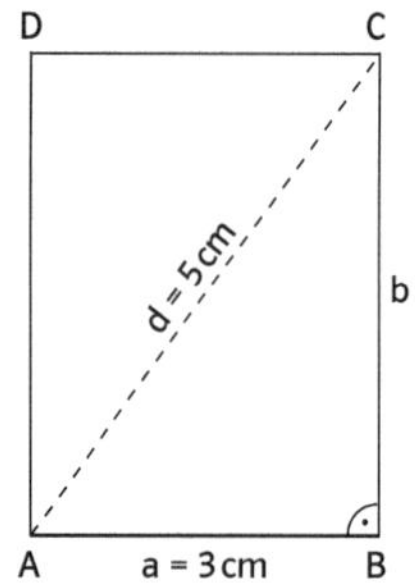

b) Schenkellänge etwa 2,8 cm
1) Zeichne c = $\overline{AB}$
2) Mittelsenkrechte zu $\overline{AB}$
3) Thaleskreis über $\overline{AB}$

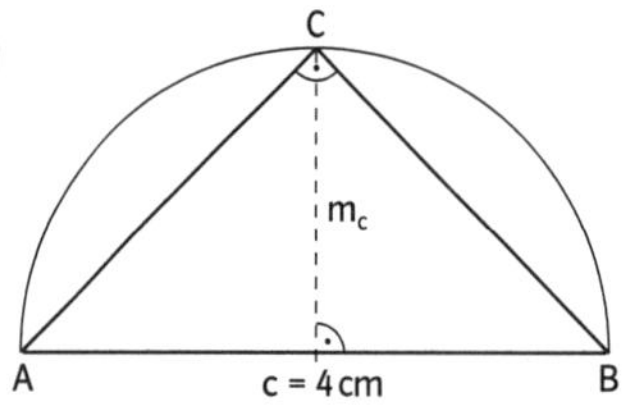

Von bekannten und neuen Zahlen, Seite 11

1

Es gibt verschiedene Möglichkeiten, z. B.:

	0,123...	0,12122...
rational	0,123 333... 0,123 123 123...	0,121 222 2... 0,121 221 212 2...
irrational	0,123 112 233... 0,123 456...	0,121 221 222 122 22...

	0,3232...	0,0...
rational	0,323 232...	0,000 0... 0,010 100 1...
irrational	0,323 223 222... 0,323 233 34...	0,010 010 001...

2

Beispiele: 5,010 010 001... ; 5,121 221 222... ; 5,323 223 222...

3

a) $\frac{1}{3}$ = 0,333 333 333... oder
$\frac{1}{3}$ = 0,212 211 222 111... + 0,121 122 111 222...
= 0,010 011 000 111... + 0,323 322 333 222...

b) ..., also kann das Produkt zweier irrationaler Zahlen sehr wohl rational sein.

4

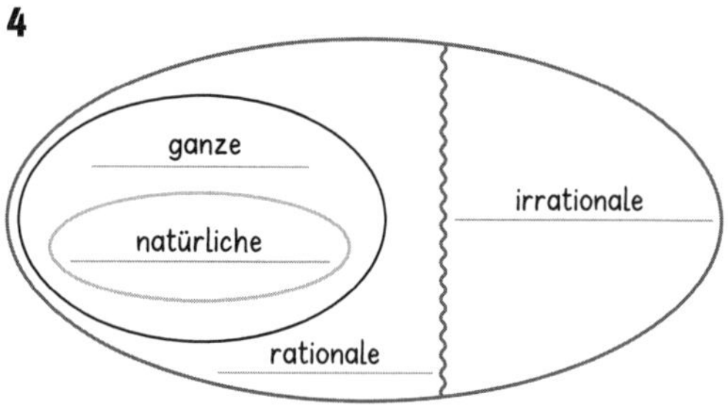

natürliche Zahlen: 2; 4; 7
rationale Zahlen: 0,01; $0,\overline{3}$; $\frac{1}{2}$ und die ganzen Zahlen
ganze Zahlen: −1 und die natürlichen Zahlen
irrationale Zahlen: 0,101 001... ; 2,122 122 21...

5

..., erhält man $29,\overline{9}$. Somit ist dann ... = $29,\overline{9} - 2,\overline{9} = 27$.
Beidseitiges Teilen ... ergibt dann: $2,\overline{9} = 3$.

Wurzeln und Streckenlängen, Seite 12

1

a) richtig b) 11 c) 14 d) richtig e) 21

2

a) 3; 0,3; 0,03; 30; 300
b) 2; 0,2; 20; 0,02; 200
c) $\frac{3}{10}$; $\frac{4}{5}$; $\frac{11}{9}$; 4
d) $\frac{13}{7}$; $\frac{2}{3}$; $\frac{1}{17}$; $\frac{1}{6}$

3

a) 12 b) 2,1 c) i
d) 16 e) i f) 60
g) 1,7 h) 0,2 i) $\frac{1}{5}$
j) $\frac{13}{14}$ k) $\frac{1}{2}$ l) i

4

b) 1,9; −1,9 c) 0,25; −0,25 d) keine Lösung e) $\sqrt{2}$; $-\sqrt{2}$

5

b) 7; 8 c) 10; 11 d) 1; 2 e) 22; 23 f) 31; 32

6

a) $x^2 = 49$; $x_1 = 7$; $x_2 = -7$
b) $x^2 = 36$; $x_1 = 6$; $x_2 = -6$
c) $3x^2 = 27$; $x^2 = 9$; $x_1 = 3$; $x_2 = -3$

7

a) A = 2 cm · 4,5 cm = 9 cm^2; das Quadrat hat 3 cm lange Seiten.

b) A = $\frac{1}{2}$ · 2 cm · 4 cm = 4 cm^2 das Quadrat hat 2 cm lange Seiten.

Der geschickte Umgang mit Wurzeln – Wurzelterme (1), Seite 13

1

a) $\sqrt{8} = \sqrt{4 \cdot 2} = \sqrt{4} \cdot \sqrt{2} = 2 \cdot \sqrt{2}$
b) $\sqrt{45} = \sqrt{9 \cdot 5} = \sqrt{9} \cdot \sqrt{5} = 3 \cdot \sqrt{5}$
c) $\sqrt{48} = \sqrt{16 \cdot 3} = \sqrt{16} \cdot \sqrt{3} = 4 \cdot \sqrt{3}$
d) $\sqrt{150} = \sqrt{25 \cdot 6} = \sqrt{25} \cdot \sqrt{6} = 5 \cdot \sqrt{6}$
e) $\sqrt{108} = \sqrt{36 \cdot 3} = \sqrt{36} \cdot \sqrt{3} = 6 \cdot \sqrt{3}$
f) $\sqrt{144} = 12$

2

a) = 4	b) ≈ 4,24	c) ≈ 2,83	d) = 5
e) = 0	f) ≈ 4,73	g) = 6	h) ≈ 1,41

3

a) $2 \cdot \sqrt{3} + 7 \cdot \sqrt{3} = (2 + 7) \cdot \sqrt{3} = 9 \cdot \sqrt{3}$
b) $5 \cdot \sqrt{2} + \sqrt{2} \cdot 3 = (5 + 3) \cdot \sqrt{2} = 8 \cdot \sqrt{2}$
c) $\sqrt{6} + 3 \cdot \sqrt{6} = (1 + 3) \cdot \sqrt{6} = 4 \cdot \sqrt{6}$
d) $8 \cdot \sqrt{5} - 2 \cdot \sqrt{5} - 5 \cdot \sqrt{5} = (8 - 2 - 5) \cdot \sqrt{5} = \sqrt{5}$
e) $3 \cdot \sqrt{2} + 2 \cdot \sqrt{3} + 5 \cdot \sqrt{3} - \sqrt{2} = (3 - 1) \cdot \sqrt{2} + (2 + 5) \cdot \sqrt{3}$
$= 2 \cdot \sqrt{2} + 7 \cdot \sqrt{3}$
f) $3 \cdot \sqrt{8} - 5 \cdot \sqrt{2} = 3 \cdot 2 \cdot \sqrt{2} - 5 \cdot \sqrt{2} = \sqrt{2}$
g) $\sqrt{18} + \sqrt{8} - \sqrt{50} = 3 \cdot \sqrt{2} + 2 \cdot \sqrt{2} - 5 \cdot \sqrt{2} = 0$
h) $\sqrt{27} + \sqrt{45} = 3 \cdot \sqrt{3} + 3 \cdot \sqrt{5} = 3 \cdot (\sqrt{3} + \sqrt{5})$

4

a) $\sqrt{5} \cdot (\sqrt{20} + \sqrt{45}) = \sqrt{100} + \sqrt{225} = 10 + 15 = 25$
b) $\sqrt{2} \cdot (\sqrt{32} - \sqrt{72}) = \sqrt{64} - \sqrt{144} = 8 - 12 = -4$
c) $\sqrt{7} \cdot (\sqrt{7} + \sqrt{28}) = \sqrt{49} + \sqrt{196} = 7 + 14 = 21$
d) $\sqrt{3} \cdot (\sqrt{12} + \sqrt{48} - \sqrt{108}) = \sqrt{36} + \sqrt{144} - \sqrt{324}$
$= 6 + 12 - 18 = 0$
e) $(\sqrt{44} - \sqrt{11}) \cdot \sqrt{11} = \sqrt{484} - \sqrt{121} = 22 - 11 = 11$
f) $\sqrt{10} \cdot (\sqrt{5} - \sqrt{2}) = \sqrt{50} - \sqrt{20} = 5 \cdot \sqrt{2} - 2 \cdot \sqrt{5}$
g) $(\sqrt{10} + \sqrt{15}) \cdot \sqrt{6} = \sqrt{60} + \sqrt{90} = 2 \cdot \sqrt{15} + 3 \cdot \sqrt{10}$
h) $\sqrt{12} \cdot (\sqrt{6} + \sqrt{20}) = \sqrt{72} + \sqrt{240} = 6 \cdot \sqrt{2} + 4 \cdot \sqrt{15}$

5

a) $\frac{5}{\sqrt{3}} = \frac{5 \cdot \sqrt{3}}{\sqrt{3} \cdot \sqrt{3}} = \frac{5 \cdot \sqrt{3}}{3} = \frac{5}{3} \cdot \sqrt{3}$

b) $\frac{3}{\sqrt{7}} = \frac{3 \cdot \sqrt{7}}{\sqrt{7} \cdot \sqrt{7}} = \frac{3 \cdot \sqrt{7}}{7} = \frac{3}{7} \cdot \sqrt{7}$

c) $\frac{5}{\sqrt{5}} = \frac{5 \cdot \sqrt{5}}{\sqrt{5} \cdot \sqrt{5}} = \frac{5 \cdot \sqrt{5}}{5} = \sqrt{5}$

d) $\frac{3}{\sqrt{3}} = \frac{3 \cdot \sqrt{3}}{\sqrt{3} \cdot \sqrt{3}} = \frac{3 \cdot \sqrt{3}}{3} = \sqrt{3}$

e) $\frac{7}{\sqrt{5}} = \frac{7 \cdot \sqrt{5}}{\sqrt{5} \cdot \sqrt{5}} = \frac{7 \cdot \sqrt{5}}{5} = \frac{7}{5} \cdot \sqrt{5}$

f) $\frac{5}{\sqrt{7}} = \frac{5 \cdot \sqrt{7}}{\sqrt{7} \cdot \sqrt{7}} = \frac{5 \cdot \sqrt{7}}{7} = \frac{5}{7} \cdot \sqrt{7}$

g) $\left(\frac{10}{\sqrt{5}} =\right) = \frac{10 \cdot \sqrt{5}}{\sqrt{5} \cdot \sqrt{5}} = \frac{10 \cdot \sqrt{5}}{5} = 2 \cdot \sqrt{5}$

h) $\left(\frac{5}{\sqrt{10}} =\right) \frac{5 \cdot \sqrt{10}}{\sqrt{10} \cdot \sqrt{10}} = \frac{5 \cdot \sqrt{10}}{10} = \frac{1}{2} \cdot \sqrt{10}$

6

a) $9 \cdot \sqrt{7} - \sqrt{16} \cdot \sqrt{7} = (9 - 4) \cdot \sqrt{7} = 5 \cdot \sqrt{7} \approx 13{,}22$
b) $9 \cdot \sqrt{7} \cdot \sqrt{16} \cdot \sqrt{7} = 9 \cdot 4 \cdot 7 = 252$
c) $9 \cdot \sqrt{7} + \sqrt{16} \cdot \sqrt{7} = (9 + 4) \cdot \sqrt{7} = 13 \cdot \sqrt{7} \approx 34{,}4$
d) $\frac{9 \cdot \sqrt{7}}{\sqrt{16} \cdot \sqrt{7}} = \frac{9}{4} = 2{,}25$

Der geschickte Umgang mit Wurzeln – Wurzelterme (2), Seite 14

1

a) $\sqrt{\frac{4}{10}} + \sqrt{\frac{9}{10}} = \frac{2}{\sqrt{10}} + \frac{3}{\sqrt{10}} = \frac{5}{\sqrt{10}} = \frac{5 \cdot \sqrt{10}}{\sqrt{10} \cdot \sqrt{10}} = \frac{5 \cdot \sqrt{10}}{10} = \frac{1}{2} \cdot \sqrt{10}$

b) $\sqrt{\frac{25}{5}} + \sqrt{\frac{16}{5}} = \frac{5}{\sqrt{5}} + \frac{4}{\sqrt{5}} = \frac{9}{\sqrt{5}} = \frac{9 \cdot \sqrt{5}}{\sqrt{5} \cdot \sqrt{5}} = \frac{9 \cdot \sqrt{5}}{5} = \frac{9}{5} \cdot \sqrt{5}$

c) $\sqrt{3} + \sqrt{\frac{16}{3}} = \sqrt{3} + \frac{4}{\sqrt{3}} = \sqrt{3} + \frac{4 \cdot \sqrt{3}}{\sqrt{3} \cdot \sqrt{3}} = \sqrt{3} + \frac{4 \cdot \sqrt{3}}{3} = \frac{7}{3} \cdot \sqrt{3}$

d) $\sqrt{0{,}4} + \sqrt{0{,}1} = \sqrt{\frac{4}{10}} + \sqrt{\frac{1}{10}} = \frac{2}{\sqrt{10}} + \frac{1}{\sqrt{10}} = \frac{3}{\sqrt{10}} = \frac{3 \cdot \sqrt{10}}{\sqrt{10} \cdot \sqrt{10}}$
$= \frac{3 \cdot \sqrt{10}}{10} = 0{,}3 \cdot \sqrt{10}$

e) $\sqrt{1{,}6} + \sqrt{2{,}5} = \sqrt{\frac{16}{10}} + \sqrt{\frac{25}{10}} = \frac{4}{\sqrt{10}} + \frac{5}{\sqrt{10}} = \frac{9}{\sqrt{10}} = \frac{9 \cdot \sqrt{10}}{\sqrt{10} \cdot \sqrt{10}}$
$= \frac{9 \cdot \sqrt{10}}{10} = \frac{9}{10} \cdot \sqrt{10}$

f) $\sqrt{14{,}4} + \sqrt{19{,}6} = \sqrt{\frac{144}{10}} + \sqrt{\frac{196}{10}} = \frac{12}{\sqrt{10}} + \frac{14}{\sqrt{10}} = \frac{26}{\sqrt{10}} = \frac{26 \cdot \sqrt{10}}{\sqrt{10} \cdot \sqrt{10}}$
$= \frac{26 \cdot \sqrt{10}}{10} = \frac{13}{5} \cdot \sqrt{10}$

g) $\sqrt{9{,}0} + \sqrt{16{,}00} = 3 + 4 = 7$

2

Jeweils nach dem 2. Gleichheitszeichen muss korrigiert werden:
a) $= 3 \cdot \sqrt{5}\,(\sqrt{3} + 1)$
b) richtig
c) $= \sqrt{5 \cdot 100} - \sqrt{25 \cdot 10} = 10 \cdot \sqrt{5} - 5 \cdot \sqrt{10}$
d) $= 4 \cdot \sqrt{2} + 8 \cdot \sqrt{2} = 12 \cdot \sqrt{2}$

3

a) $\sqrt{3a^2} = a \cdot \sqrt{3}$ b) $\sqrt{16b} = 4 \cdot \sqrt{b}$
c) $\sqrt{5c^2d} = c \cdot \sqrt{5d}$ d) $\sqrt{9d^3} = 3d \cdot \sqrt{d}$
e) $3 \cdot \sqrt{e} + 5 \cdot \sqrt{e} = 8 \cdot \sqrt{e}$ f) $\sqrt{f} + 4\sqrt{f} = 5 \cdot \sqrt{f}$
g) $\sqrt{g} - g \cdot \sqrt{g} = (1 - g) \cdot \sqrt{g}$
h) $2 \cdot \sqrt{h} + 3 \cdot \sqrt{h^3} = 2 \cdot \sqrt{h} + 3h \cdot \sqrt{h} = (2 + 3h) \cdot \sqrt{h}$
i) $\sqrt{i^3} + \sqrt{i^5} = i \cdot \sqrt{i} + i^2 \cdot \sqrt{i} = (i + i^2) \cdot \sqrt{i}$
j) $j - \sqrt{j^2} = j - j = 0$
k) $\sqrt{k} \cdot (\sqrt{4k} + \sqrt{9k}) = \sqrt{k} \cdot (2 \cdot \sqrt{k} + 3 \cdot \sqrt{k})$
$= \sqrt{k} \cdot \sqrt{k} \cdot (2 + 3) = 5k$

l) $\sqrt{l} \cdot \left(\sqrt{l} - \sqrt{\frac{1}{l}}\right) = \sqrt{l} \cdot \sqrt{l} - \sqrt{l \cdot \frac{1}{l}} = l - 1$

m) $(\sqrt{2m} + \sqrt{3m}) \cdot \sqrt{6m} = \sqrt{12m^2} + \sqrt{18m^2}$
$= 2m \cdot \sqrt{3} + 3m \cdot \sqrt{2}$

Rechnen im Kontext – der Umgang mit Näherungswerten, Seite 15

1

Näherungswert	12,3 cm	0,25 m	25 mm	0,230 kg	20,47 cm^2
Kleinster Wert	12,25 cm	0,245 m	24,5 mm	0,2295 kg	20,465 m^2
Größter Wert	12,35 cm	0,255 m	25,5 mm	0,2305 kg	20,475 cm^2

2

a) 12,25 kg + 2,655 kg = 14,905 kg
12,35 kg + 2,665 kg = 15,015 kg
Das Ergebnis liegt zwischen 14,91 kg und 15,02 kg.
b) 12,25 cm · 2,655 cm = 32,52375 cm^2
12,35 cm · 2,665 cm = 32,91275 cm^2
Das Ergebnis liegt zwischen 32,5 cm^2 und 32,9 cm^2.

3

7500 mg. Das Ergebnis liegt zwischen 7471 mg und 7523 mg.

4

b = 54,5 cm; c = 4,68 cm; d = 0,5 cm
a) 66,8 cm ± 0,1 cm; 0,15 % b) 4,18 cm ± 0,05 cm; 1,3 %
c) 57,564 cm^2 ± 0,296 cm^2; 0,5 % d) 127,53 cm^3 ± 13 cm^3; 10 %

5

a) 230
b) Einwohnerzahl: 4 geltende Stellen;
Fläche: 8 geltende Stellen; 230,5 Einw./km^2

Reelle Zahlen | Merkzettel, Seite 16

■ **Beispiele:** rationale; irrationale

■ **Text:** negativ; irrationale
Beispiele: 13 1,41 2,83 4
3 1,55 1,35 $-\sqrt{3}$

■ **Beispiele:** $\sqrt{16} = 4$ $\sqrt{\frac{8}{2}} = \sqrt{4} = 2$

$2 \cdot \sqrt{2}$ $(2 + 4) \cdot \sqrt{5} = 6 \cdot \sqrt{5}$

■ **Text:** relativen
Beispiele: 1479 m^2 50,5 m · 28,5 m = 1439,25 m^2
51,5 m · 29,5 m = 1519,25 m^2 + 39,25 m^2 2,7 %

Formeln aufstellen, vereinfachen und auflösen, Seite 17

1

	vereinfachter Term	Wert des Terms für $x = -1;\ y = 0{,}1$
b)	$8x - 12y$	$8 \cdot (-1) - 12 \cdot 0{,}1 = -9{,}2$
c)	$-8x - 20y$	$-8 \cdot (-1) - 20 \cdot 0{,}1 = 6$
d)	$-2x + 2y$	$-2 \cdot (-1) + 2 \cdot 0{,}1 = 2{,}2$
e)	$\frac{1}{4}x - \frac{3}{2}y$	$\frac{1}{4} \cdot (-1) - \frac{3}{2} \cdot 0{,}1 = -0{,}4$
f)	$5x - 3xy$	$5 \cdot (-1) - 3 \cdot (-1) \cdot 0{,}1 = -4{,}7$
g)	$9x^2 + 12xy$	$9 \cdot (-1)^2 + 12 \cdot (-1) \cdot 0{,}1 = 7{,}8$
h)	$1{,}5xy - y^2 + x$	$1{,}5 \cdot (-1) \cdot 0{,}1 - 0{,}1^2 + (-1) = -1{,}16$
i)	$33x - 6y$	$-33 - 0{,}6 = -33{,}6$

2

$(3x + 5y) - (4x - 3y) = -x + 8y = 5y - (x - 3y)$

$30xy + 8x^2 - 30y - 7x^2 + 25y - 32xy = x^2 - 2xy - 5y$
$= 8y + x(x - 2y) - 3y$

$3x^2y \cdot 2 + 2xy^2 - 2x(xy + y^2) + 20x^2y = 24x^2y$
$= 8x \cdot \left(-\frac{1}{2}y\right) \cdot (-6x)$

$5xy + 7x^2 - (11yx - 15y^2) - (8xy + y^2 - 23x^2)$
$= 30x^2 - 14xy + 14y^2 = 6 \cdot x \cdot x \cdot 5 + 14y(y - x)$

$-7(2x - 4y) + 3(5y - 6x) - 8(-4x + 2y) = 27y$
$= 7(x + 2y) - (-7y + 3x) + (-4x + 6y)$

$\frac{2}{3}xy + \frac{5}{3}x - \frac{1}{4}xy - \frac{4}{5}x = \frac{5}{12}xy + \frac{13}{15}x = \frac{1}{3}x\left(\frac{5}{4}y + \frac{13}{5}\right)$

3

a) A (Frontseite): $x \cdot y + x \cdot y + x \cdot x = 2xy + x^2$
oder: $3x \cdot x + x(y - x) + x \cdot (y - x) = 3x^2 + 2xy - 2x^2 = 2xy + x^2$
V (Körper): $50\,cm \cdot (2xy + x^2) = 100\,cm \cdot xy + 50\,cm \cdot x^2$
b) $V = 100\,cm \cdot 20\,cm \cdot 75\,cm + 50\,cm \cdot (20\,cm)^3 = 170\,000\,cm^2$
≙ 170 l

Zusammengesetzte Flächen – binomische Formeln (1), Seite 18

1

a) $2 \cdot (7x + 4) = 14x + 8$
b) $3xy - 12x^2 = 3x \cdot (y - 4x)$
c) $-5 \cdot (5xy + 4x) = -25xy - 20x$
d) $(2xy^2z - 2xy) \cdot 3x = 6x^2y^2z - 6x^2y$
e) $21x^3y - 12x^2y^2 + 9x^2yz = (7x^2y - 4xy^2 + 3xyz) \cdot 3x$

2

Distributivgesetz wird angewendet.

Faktor	Term	Ergebnis
4	$4x - 8$	$4(x - 2)$
2a	$6a - 4a^2$	$2a(3 - 2a)$
−2	$8b + 12$	$-2(-4b - 6)$
2x	$4xy - 10x$	$2x(2y - 5)$

3

Term	umgeformter Term
$8a - 12b$	$4(2a - 3b)$
$14xy - 77x^2y + 21xy^2$	$7xy(2 - 11x + 3y)$
$-7nm + 3m$	$(-1)(7nm - 3m)$
$18x^2y + 12xy$	$6xy \cdot (3x + 2)$
$1{,}5x - 4xy + 2x^2y^2$	$\frac{1}{2}(3x - 8xy + 4x^2y^2)$

4

Produkt: $2 \cdot (2x \cdot \frac{1}{2}y + \frac{1}{2}y \cdot 6z + 2x \cdot 6z)$
Summe: $2xy + 24xz + 6yz$

5
Lösungswort: TERME

6
a) $\frac{6 \cdot (4x + y)}{6} = 4x + y$

b) $\frac{13 \cdot (-13y + xy)}{13} = -13y + xy$

c) $\frac{2 \cdot (x - 8y)}{2} = x - 8y$

d) $\frac{-11xy \cdot (11x + 6y)}{11} = -xy\,(11x + 6y)$

Zusammengesetzte Flächen – binomische Formeln (2), Seite 19

1
a) Produkt: $(a + b) \cdot (c + d)$; Summe: $ac + ad + bc + bd$
b) Produkt: $(a + b) \cdot (a + c)$; Summe: $a^2 + ac + ab + bc$
c) Produkt: $(a + 2b) \cdot (a + \frac{1}{2}c)$; Summe: $a^2 + \frac{1}{2}ac + bc + 2ba$

2
a) $xy - 7x + 4y - 28$
b) $2xy - py - 2xq + pq$
c) $-16ab - 40b + 24a + 60$

3
Die rechte Seite wird jeweils so umgeformt:
a) $36a \cdot (1 - 2b)$
b) $2 \cdot (4x + 14y)$
b) $(xy - 12x) \cdot 9y$
d) $(3x - 4) \cdot (x + 3)$
e) $(4a + 2) \cdot (b - 4)$
f) $(7x - 3) \cdot (x + 5)$

4
a) Statt $31x$ steht $\frac{26}{3}x$.
b) Statt $\frac{15}{35}a^2$ steht $\frac{5}{7}a^2$.
c) Dieses Ergebnis ist richtig.
d) Richtig ist: $\frac{1}{6}x^2 - \frac{13}{6}xy + 5y^2$

5
a) $(3{,}7 + y) \cdot (7 + 2) = 9 \cdot (3{,}7 + y)$
b) $(xy - z) \cdot (3 - 4z)$
c) $(x^2 + 2x) \cdot (4 + 5y)$
d) $(x^2y - 5) \cdot (3a - b)$
e) $(2x - y) \cdot (2x + y)$
f) $2 \cdot (ax + b) \cdot (1 - 2b) + 0{,}5a$

6
a) $(4x + 3y) \cdot (x + 6) = 4x^2 + 3xy + 24x + 18y$
b) $(8 + x) \cdot (8 - x) = 64 - x^2$

Zusammengesetzte Flächen – binomische Formeln (3), Seite 20

1
$4x^2 + 4xy + y^2 = (2x + y)^2$
$9a^2 - 24ab + 16b^2 = (3a - 4b)^2$
$x^2 + 6bx + 9b^2 = (x + 3b)^2$
$25y^2 + 2{,}5xy + \frac{1}{16}x^2 = \left(5y + \frac{1}{4}x\right)^2$
$16x^2 - 16xy + 4y^2 = (4x - 2y)^2$

2
b)

·	2x	3y
2x	$4x^2$	$6xy$
3y	$6xy$	$9y^2$

c)

·	2x	y
2x	$4x^2$	$2xy$
−y	$-2xy$	$-y^2$

3
b) Statt $2x^2$ steht $4x^2$.
c) Statt $-a^2$ steht $+a^2$.
d) Statt $0{,}01y$ steht $0{,}0001y^2$.
e) Statt $49x$ steht 49.
f) Statt $-28y^2$ steht $-56xy$.
g) Statt $-126x$ steht $-144x$.
h) Statt $-12xy$ steht $-12xy^2$.
i) Statt $-8c^2$ steht $-16c^2$.
j) Statt $96xyz^2$ steht $-96xyz^2$.

4
a) $(40 + 3)^2 = 1600 + 240 + 9 = 1849$
b) $(80 - 1)^2 = 6400 - 160 + 1 = 6241$
c) $(40 + 2)(40 - 2) = 1600 - 4 = 1596$
d) $(60 - 3)(60 + 3) = 3600 - 9 = 3591$
e) $(90 + 1)^2 = 8100 + 180 + 1 = 8281$
f) $(80 + 1)(80 - 1) = 6400 - 1 = 6399$
g) $(20 - 8)(20 + 8) = 400 - 64 = 336$
h) $(40 - 1)^2 = 1600 - 80 + 1 = 1521$
i) $(4 - 0{,}2)(4 + 0{,}2) = 16 - 0{,}04 = 15{,}96$

Flächeninhalt von Dreiecken, Parallelogrammen und Trapezen, Seite 21

1
a) und b)

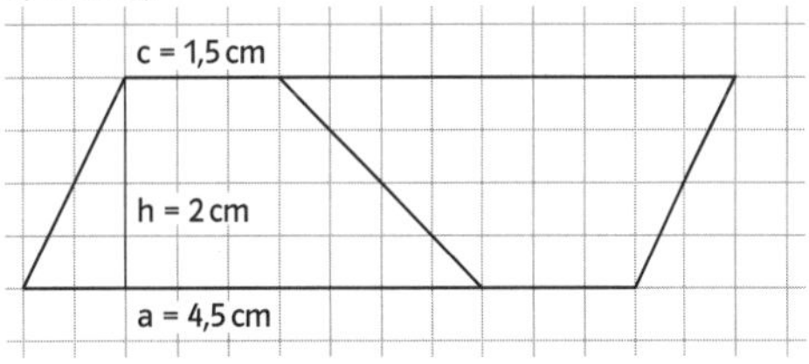

c) $A_p = (4{,}5\,\text{cm} + 1{,}5\,\text{cm}) \cdot 2\,\text{cm} = 12\,\text{cm}^2$
d) Das Trapez ist halb so groß wie das Parallelogramm.
$A_T = \frac{1}{2}(4{,}5\,\text{cm} + 1{,}5\,\text{cm}) \cdot 2\,\text{cm} = 6\,\text{cm}^2$
e) $A_T = \frac{1}{2} \cdot (a + c) \cdot h$

2

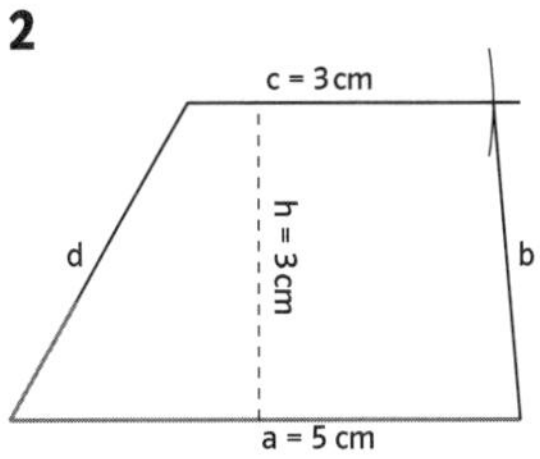

$h = \frac{2 \cdot 12\,\text{cm}^2}{5\,\text{cm} + 3\,\text{cm}}$;
$h = 3\,\text{cm}$;
$b = 3\,\text{cm}$;
$d = 3{,}5\,\text{cm}$

3

a) $A = \frac{1}{2} \cdot (7\,cm + 3\,cm) \cdot 2{,}5\,cm = 12{,}5\,cm^2$

$u = 7\,cm + 3\,cm + 2 \cdot 3{,}3\,cm = 16{,}6\,cm$

b) $A = 12{,}5\,cm^2$; $u = 15{,}2\,cm$

c) $A = 7{,}5\,cm^2$; $u = 12{,}3\,cm$

4

a) $A_{Dreieck} = 3{,}91\,m^2$ $A_{Trapez} = 29{,}24\,m^2$ $A_{gesamt} = 33{,}15\,m^2$

b) $A_{Fenster} = 3{,}75\,m^2$ $A_{Giebelfläche} = 29{,}40\,m^2$

c) Preis = 882 €

Flächeninhalt von Vielecken, Seite 22

1

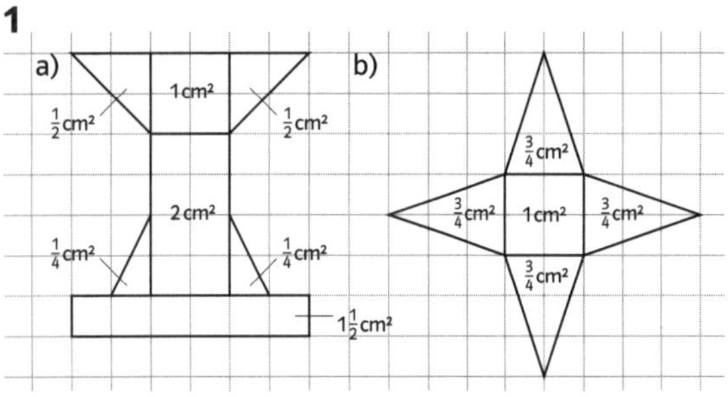

a) $A = 6\,cm^2$ b) $A = 4\,cm^2$

2

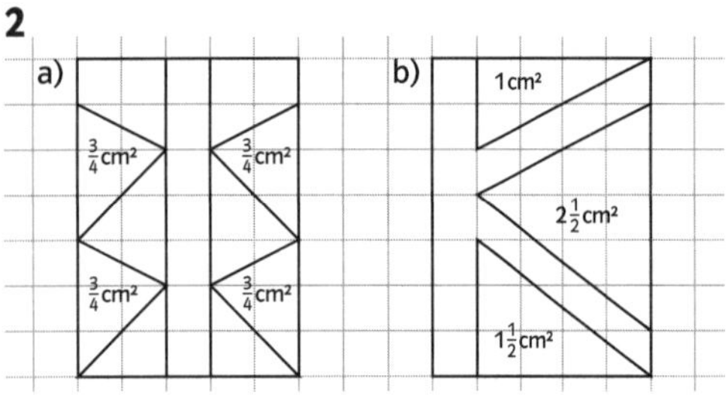

a) $A = 5{,}75\,cm^2$ b) $A = 3{,}75\,cm^2$

3

a) $A = 47{,}25\,m^2$ b) Minimale Kosten: 479,52 €

4

a)

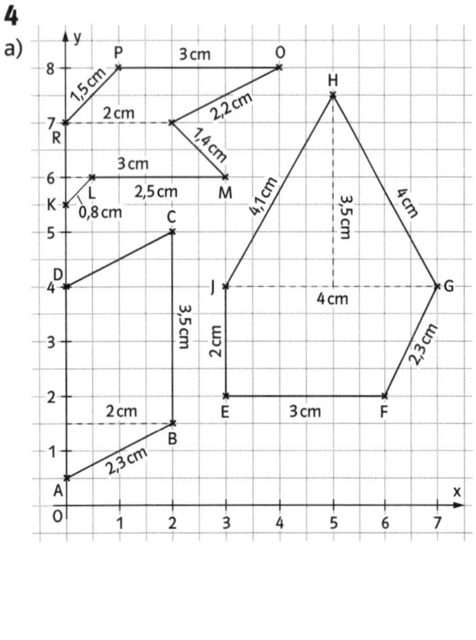

b) $A_1 = 3{,}5\,cm \cdot 2\,cm = 7\,cm^2$

$A_2 = \frac{1}{2}(3 + 4)\,cm \cdot 2\,cm + \frac{1}{2} \cdot 4\,cm \cdot 3{,}5\,cm = 7\,cm^2 + 7\,cm^2 = 14\,cm^2$

$A_3 = \frac{1}{2} \cdot 0{,}5\,cm^2 + \frac{1}{2}(3 + 2)\,cm \cdot 1\,cm + \frac{1}{2}(2 + 3)\,cm \cdot 1\,cm$

$= 0{,}25\,cm^2 + 2{,}5\,cm^2 + 2{,}5\,cm^2 = 5{,}25\,cm^2$

c) $u_1 = 11{,}6\,cm$; $u_2 = 15{,}4\,cm$; $u_3 = 12{,}9\,cm$

Kreisteile, Seite 23

1

	r	α	b	A	U
a)	3,5 m	200°	12,2 m	21,4 m²	22,0 m
b)	7,2 m	95°	12 m	43,2 m²	45,5 m
c)	3,5 m	26,2°	1,6 m	2,8 m²	22,0 m
d)	8,6 m	350°	52,5 m	232,2 m²	54 m

2

a) Seite des Quadrats = a

$A = a^2 - \pi \cdot \left(\frac{a}{2}\right)^2 = (4\,cm)^2 - \pi \cdot (2\,cm)^2 \approx 3{,}43\,cm^2$

$U = 4 \cdot \frac{1}{4} \cdot \pi \cdot 4\,cm \approx 12{,}56\,cm$

b) $A = \frac{1}{4} \cdot \pi \cdot r_1^2 + \frac{1}{8} \cdot \pi \cdot r_2^2 = \frac{1}{4} \cdot \pi \cdot (2\,cm)^2 + \frac{1}{8} \cdot \pi \cdot (1{,}5\,cm)^2$

$\approx 4{,}02\,cm^2$

$U = \frac{1}{4} \cdot 2 \cdot \pi \cdot 2\,cm + 2 \cdot 2\,cm + \frac{1}{8} \cdot 2 \cdot \pi \cdot 1{,}5\,cm + 2 \cdot 1{,}5\,cm =$

$\approx 4{,}84\,cm$

3

a)

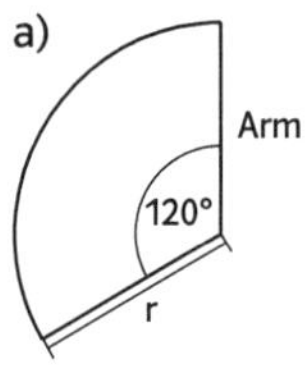

$r = 17{,}5\,m$; $\alpha = 120°$;

$b = 2\pi r \cdot \frac{120°}{360°} = \frac{2\pi}{3} \cdot 17{,}5\,m \approx 36{,}65\,m$

Er legt an der Spitze etwa 36,65 m zurück.

b) $A = \pi r^2 \cdot \frac{320°}{360°} = \frac{8\pi}{9} \cdot r^2$;

$A = \frac{8\pi}{9} \cdot (17{,}5\,m)^2 \approx 855{,}21\,m^2$

Der Arbeitsbereich beträgt maximal etwa $855\,m^2$.

4

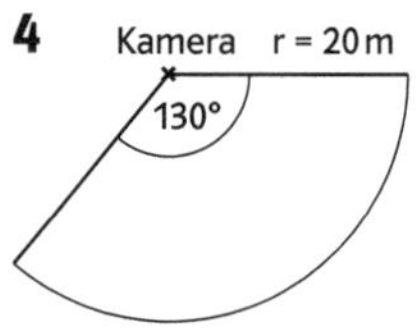

$A = \pi \cdot 20^2 \cdot \frac{130°}{360°}\,m^2 \approx 453{,}79\,m^2$

Das Beobachtungsfeld hat einen Flächeninhalt von etwa $453{,}79\,m^2$.

Prisma und Zylinder (1), Seite 24

1

a) $G = 1{,}5\,cm^2$ $V = 3\,cm^2$

b) $G = 1{,}5\,cm^2$; $M = 12\,cm^2$; $O = 15\,cm^2$

2

a) $O = 2 \cdot (3 \cdot 6 + 3 \cdot 5 + 6 \cdot 5)\,cm^2 = 126\,cm^2$

$V = 3\,cm \cdot 5\,cm \cdot 6\,cm = 90\,cm^3$

b) $O = 2 \cdot \frac{1}{2} \cdot 4 \cdot 3{,}46\,cm^2 + 3 \cdot 4\,cm \cdot 5\,cm = 73{,}84\,cm^2$

$V = \frac{1}{2} \cdot 4\,cm \cdot 3{,}46\,cm \cdot 5\,cm = 34{,}6\,cm^3$

c) $O = 2 \cdot \frac{1}{2} \cdot (5\,cm + 3\,cm) \cdot 2\,cm + 5\,cm \cdot (5\,cm + 2\,cm + 3\,cm + 2{,}83\,cm) = 80{,}15\,cm^2$

$V = 8\,cm^2 \cdot 5\,cm = 40\,cm^3$

3

a) $G = 850\,cm^2$ $V = 102\,000\,cm^3 = 102\,dm^3$

$O = 17\,540\,cm^2 = 175{,}40\,dm^2$

b) $G = 900\,cm^2$ $V = 108\,000\,cm^3 = 108\,dm^3$

$O = 18\,120\,cm^2 = 181{,}20\,dm^2$

4

a) und b)

Körper A	Körper B	Körper C
		$G = 16{,}5\,cm^2$
$V_A = 540\,cm^3$	$V_B = 125\,cm^3$	$V_C = 132\,cm^3$
$O_A = 432\,cm^2$	$O_B = 150\,cm^2$	$O_C = 153\,cm^2$

c) $V_{\text{weißes Wachs}} = 125\,l$ $V_{\text{farbiges Wachs}} = 7{,}5\,l$

Prisma und Zylinder (2), Seite 25

1

a) $A_G = 100\,cm \cdot 12\,cm + \frac{1}{2} \cdot (12\,cm + 20\,cm) \cdot 48\,cm = 1968\,cm^2$

$V = 1968\,cm^2 \cdot 50\,cm = 98\,400\,cm^3$

Gewicht: 246 kg

b) Gewicht der 12 Fertigteile: 2952 kg = 2,952 t

Die Teile wiegen weniger als die Zuladung, sie können mitgenommen werden.

2

$V_{\text{Glasstein}} = 10\,cm \cdot 12\,cm \cdot 12\,cm - 5 \cdot 1\,cm^2 \cdot 8\,cm = 1400\,cm^3$

$V_{\text{Wasser}} = 15\,cm \cdot 15\,cm \cdot 20\,cm - 1400\,cm^3 = 3100\,cm^3 = 3{,}1\,dm^3$

In die Vase werden 3,1 Liter Wasser gefüllt.

3

a) $A_{\text{Krugboden}} = 10\,cm \cdot 10\,cm - 4 \cdot \frac{1}{2} \cdot 3\,cm \cdot 3\,cm = 82\,cm^2$

$V_{\text{Getränk im Krug}} = 82\,cm^2 \cdot 19\,cm = 1558\,cm^3$

$V_{\text{Getränk pro Glas}} = 1558\,cm^3 : 8 = 194{,}75\,cm^3$

$A_{\text{Glasboden}} = 5{,}8\,cm \cdot 5{,}8\,cm - 4 \cdot \frac{1}{2} \cdot 1{,}7\,cm \cdot 1{,}7\,cm = 27{,}86\,cm^2$

Höhe h des Getränks im Glas:

$h = 194{,}75\,cm^3 : 27{,}86\,cm^2 \approx 7{,}09\,cm$.

Das Getränk steht ungefähr 7 cm hoch im Glas.

b) $V_{\text{Eiskugel}} = 1400\,ml : 20 = 70\,cm^3$

$V_{\text{Eis und Getränk}} = 2 \cdot 70\,ml + 195\,ml = 335\,ml$

$V_{\text{Glas}} = 27{,}86\,cm^2 \cdot 13\,cm = 362{,}16\,cm^3$

Wenn sie zwei Eiskugeln in die Eisschokolade gibt, läuft die Eisschokolade nicht über.

Prisma und Zylinder (3), Seite 26

1

(siehe Tabelle 1)

2

a) Volumen eines Pfahls $V = \pi \cdot \left(\frac{6{,}35}{2}\,cm\right)^2 \cdot 600\,cm \approx 19\,001{,}5\,cm^3 \approx 19\,dm^3 = 0{,}019\,m^3$

b) Gesamtvolumen $V = 204 \cdot 19\,dm^3 = 3876\,dm^3 = 3{,}876\,m^3$

c) Der Betonmischer enthält zu Beginn der Arbeiten $0{,}4 \cdot 8\,m^3 = 3{,}2\,m^3$ Beton. Da das Gesamtvolumen der Pfähle $3{,}876\,m^3$ beträgt, reicht diese Füllung nicht aus, um alle Pfähle mit Beton zu füllen.

Tabelle 1

	r	d	h	G	M	O	V
a)	3 cm	6 cm	4 cm	$28{,}27\,cm^2$	$75{,}40\,cm^2$	$131{,}95\,cm^2$	$113{,}10\,cm^3$
b)	7 cm	14 cm	2 cm	$153{,}94\,cm^2$	$87{,}96\,cm^2$	$395{,}84\,cm^2$	$307{,}88\,cm^3$
c)	1,5 cm	3 cm	6 cm	$7{,}07\,cm^2$	$56{,}55\,cm^2$	$70{,}69\,cm^2$	$42{,}41\,cm^3$
d)	10 cm	20 cm	15 cm	$314{,}16\,cm^2$	$942{,}48\,cm^2$	$1570{,}80\,cm^2$	$4712{,}39\,cm^3$
e)	12 cm	24 cm	20 cm	$452{,}39\,cm^2$	$1507{,}96\,cm^2$	$2412{,}74\,cm^2$	$9047{,}79\,cm^3$

3

a) $V = \pi \cdot r^2 \cdot h$. Formel nach h umstellen: $h = \frac{V}{\pi \cdot r^2}$

$V = 580\,ml = 580\,cm^3$ $\quad h = \frac{580\,cm^3}{\pi \cdot (4{,}25\,cm)^2} \approx 10{,}22\,cm$

$O = 2\pi r^2 + 2\pi r h \approx 386{,}4\,cm^2$

b) Höhe der Banderole: 10,22 cm;

Länge der Banderole: $2\pi r + 1\,cm = 2\pi \cdot 4{,}25\,cm + 1\,cm$
$\approx 27{,}7\,cm$;

Fläche der Banderole: $10{,}22\,cm \cdot 27{,}70\,cm = 283{,}1\,cm^2$

4

a) $V = \pi \cdot r^2 \cdot h = \pi \cdot (5\,cm)^2 \cdot 15\,cm \approx 1178{,}1\,cm^3 \approx 1{,}178\,l$

b) Das Wasser steht bei kompletter Füllung bis zu der Höhe von 15 cm, das entspricht einem Volumen von etwa 1,178 l. Um das Litermaß zu beschriften, muss man berechnen, welcher Wasserhöhe ein Volumen von $\frac{3}{4}$ l entspricht und welches Volumen einer Höhe von 5 cm entspricht.

h = 5 cm: $V = \pi \cdot (5\,cm)^2 \cdot 5\,cm \approx 392{,}7\,cm^3 \approx 0{,}393\,l$

$V = \frac{3}{4}\,l$: $\pi \cdot r^2 \cdot h = 750\,cm^3 \rightarrow h = \frac{750\,cm^3}{\pi \cdot (5\,cm)^2} \approx 9{,}55\,cm$

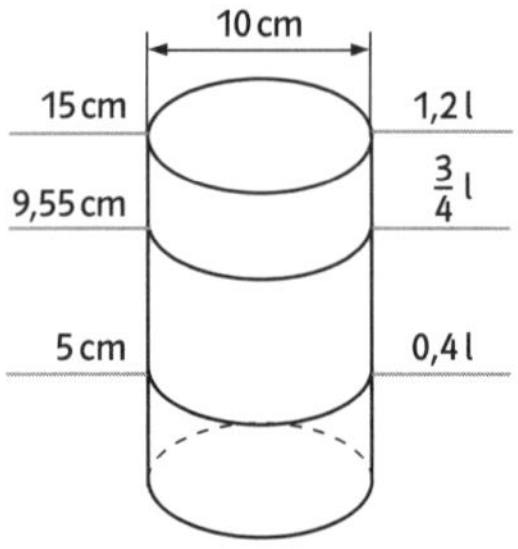

Prisma und Zylinder (4), Seite 27

1

a) Volumen des Quaders: $V = 4\,cm \cdot 3\,cm \cdot 3\,cm = 36\,cm^3$

Volumen eines zylinderförmigen Lochs: $V = \pi \cdot (0{,}5\,cm)^2 \cdot 3\,cm$
$\approx 2{,}36\,cm^3$

Das Volumen des durchlöcherten Quaders beträgt somit:
$36\,cm^3 - 2 \cdot 2{,}36\,cm^3 \approx 31{,}29\,cm^3$

b) Oberfläche des durchbohrten Quaders: $O = 2 \cdot 40 \cdot 30\,mm^2$
$+ 2 \cdot 30 \cdot 30\,mm^2 + 2 \cdot (40 \cdot 30\,mm^2 - 2 \cdot \pi \cdot 5^2\,mm^2) + 2 \cdot 2\pi$
$\cdot 5 \cdot 30\,mm^2 \approx 8170{,}80\,mm^2 \approx 81{,}71\,cm^2$

2

a) $V = (20\,cm \cdot 50\,cm - 10\,cm \cdot 10\,cm) \cdot 70\,cm = 63\,000\,cm^3$
$= 63\,dm^3$

b) $V = \frac{1}{2}\pi (15\,cm)^2 \cdot 50\,cm \approx 17\,671{,}46\,cm^3 \approx 17{,}67\,dm^3 = 17{,}67\,l$

c) Zuerst muss das Volumen des Beckens berechnet werden.
$V = 63\,dm^3 - 17{,}67\,dm^3 \approx 45{,}33\,dm^3 = 0{,}045\,33\,m^3$

Somit wiegt das Becken $2800\,kg/m^3 \cdot 0{,}045\,33\,m^3 \approx 126{,}92\,kg$.

d) Zum Gewicht des Beckens muss das Gewicht des Wassers dazugerechnet werden. Da ein Liter Wasser ein Kilo wiegt, beträgt das Gewicht des Wassers, wenn das Waschbecken vollständig gefüllt ist, etwa 17,67 kg.

Somit wiegt das mit Wasser gefüllte Waschbecken insgesamt etwa $126{,}92\,kg + 17{,}67\,kg = 144{,}59\,kg$.

3

$V_{Körper} = V_{Halbzylinder} + V_{Trapezprisma}$

$V_{Körper} = \frac{1}{2}\pi \cdot 13^2 \cdot 50\,mm^3 + \frac{1}{2} \cdot (26 + 13) \cdot 13 \cdot 50\,mm^3$

$\approx 25\,948\,mm^3 \approx 25{,}95\,cm^3$

Oberfläche des Körpers

$O = 2 \cdot \frac{1}{2}\pi \cdot 13^2\,mm^2 + \frac{1}{2} \cdot 2 \cdot \pi \cdot 13 \cdot 50\,mm^2 + 2 \cdot \frac{1}{2} \cdot (26 + 13)$

$\cdot 13\,mm^2 + (13 + 13 + 18{,}38) \cdot 50\,mm^2 \approx 5298{,}96\,mm^2 \approx 52{,}99\,cm^2$

4

a)

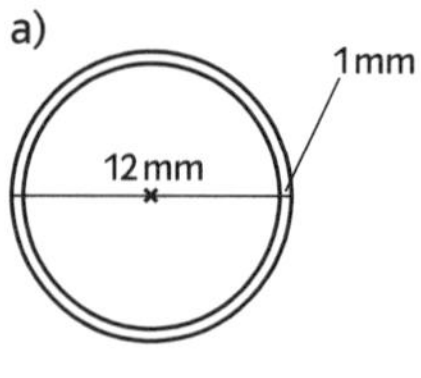

b) Volumen der Ummantelung:

$V = ((\pi \cdot (0{,}7\,cm)^2 - \pi \cdot (0{,}6\,cm)^2) \cdot 200\,000\,cm \approx 81\,681{,}41\,cm^3$

Das Gewicht des Materials beträgt $0{,}9\,\frac{g}{cm^3} \cdot 81\,681{,}4\,cm^3$
$\approx 73\,513{,}27\,g \approx 73{,}51\,kg$.

Flächen und Volumina – vom Umgang mit Formeln | Merkzettel, Seite 28

■ **Text:** Aufstellen; Ausdrücke; allein; Wurzel

Beispiele: $2ab + a \cdot (2b) + a \cdot 3b$; $7ab$; $7 \cdot 1{,}5 \cdot b$; $b = 2$

■ **Beispiele:** $x \cdot 2x + x \cdot (-4) + 7 \cdot 2x + 7 \cdot (-4) = 2x^2 + 10x - 28$

■ **Beispiele:** $(40 + 1) \cdot (40 + 1) = 40^2 + 2 \cdot 40 \cdot 1 + 1^2$
$= 1600 + 80 + 1$

■ **Beispiele:** $8 \cdot 6\,m^2 = 48\,m^2$ $\quad 6 \cdot 6\,m^2 = 36\,m^2$

$\frac{1}{2}(10 + 4)\,6\,m^2 = 42\,m^2$ $\quad \frac{1}{2} \cdot 6 \cdot 6\,m^2 = 18\,m^2$

■ **Beispiele:** $U = 2\pi \cdot 5\,cm = 31{,}4\,cm$; $A = \pi \cdot (5\,cm)^2 = 78{,}5\,cm^2$

5,2 cm $\quad$ 13,1 cm²

■ **Text:** $V = \pi r^2 \cdot h$

Beispiele: 12,6 cm³ $\quad$ 37,1 cm² $\quad$ 674 m³ $\quad$ 437 m²

Üben und Wiederholen | Training 1, Seite 29

1

	natürliche Zahl	ganze Zahl	rationale Zahl	irrationale Zahl
1	⊗	⊗	⊗	○
−1	○	⊗	⊗	○
$\frac{1}{2}$	○	○	⊗	○
−1,5	○	⊗	⊗	○
1,010 01 …	○	○	○	⊗
$1{,}\overline{1}$	○	○	⊗	○

2

a) $2,\overline{23} < \sqrt{5} < 2,32 < 2,\overline{4} < \sqrt{6} < 2,46$

b) $2,46 < 2,5 < 2,64 < \sqrt{7} < 2,\overline{82} < \sqrt{8}$

3

a) 3,54 km ± 0,055 km b) 1,4 g ± 0,01 g
c) $36\,mm^2 \pm 0,0775\,cm^2$ d) 3 ± 0,35

4

Umfang: zwischen 388 cm und 392 cm
Fläche: zwischen $8417\,cm^2$ und $8612\,cm^2$

5

a) $4x^2 + 12xy + 9y^2$ b) $81x^2y^2 - 18x^2y + x^2$

c) $25n^2 - 16m^2$ d) $\frac{9}{49}v^2 + 6uv + 49u^2$

e) $100x^2 - 60xy + 400y^2$ f) $3x^2 - 12xy + 12y^2$

g) $\frac{1}{9}x^2 - \frac{1}{3}xy + \frac{1}{4}y^2$ h) $8y - 8xy + 2x^2y$

6

a) $V \approx 11,0\,cm^3$ b) $O \approx 37,7\,cm^2$

7

a) falsch b) richtig
c) richtig d) falsch
e) richtig f) richtig
g) falsch

8

$A_{Tine} = 2625\,cm^2$; $A_{Mia} = 2600\,cm^2$; Tines Drachen hat die größere Fläche.

Pfadregel, Wahrscheinlichkeitsverteilung (1), Seite 30

1

a) 123; 132; 213; 231; 312; 321

b) $\frac{1}{6} \approx 0,17$ c) $\frac{2}{6} \approx 0,33$ d) $\frac{4}{6} \approx 0,67$

e) 24 Möglichkeiten;
Wahrscheinlichkeit für eine gerade Zahl: $\frac{12}{24} = \frac{1}{2} = 50\,\%$

2

a) 3-mal

b)

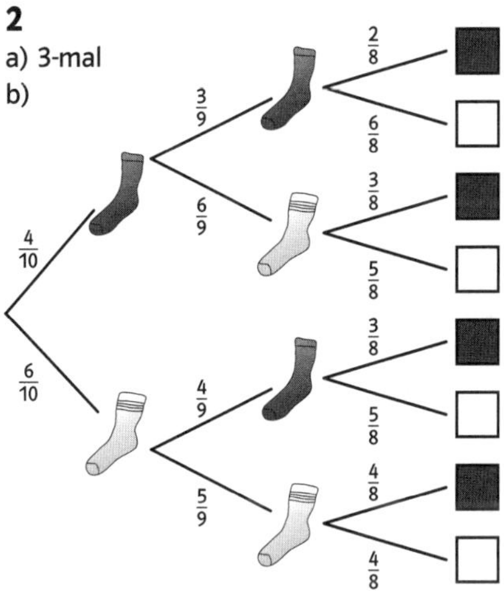

c) $\frac{1}{10}$ d) $\frac{1}{30}$

3

a) $\frac{1}{36}$ b) $\frac{9}{16}$ c) $\frac{1}{25}$

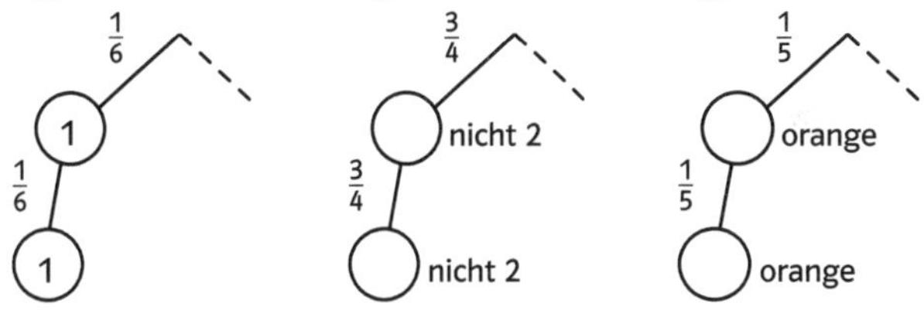

Pfadregel, Wahrscheinlichkeitsverteilung (2), Seite 31

1

(siehe Figur 1)

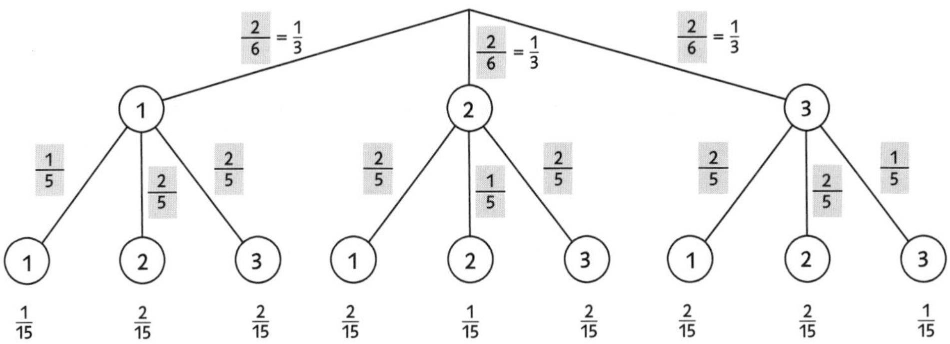

Figur 1

2

a)

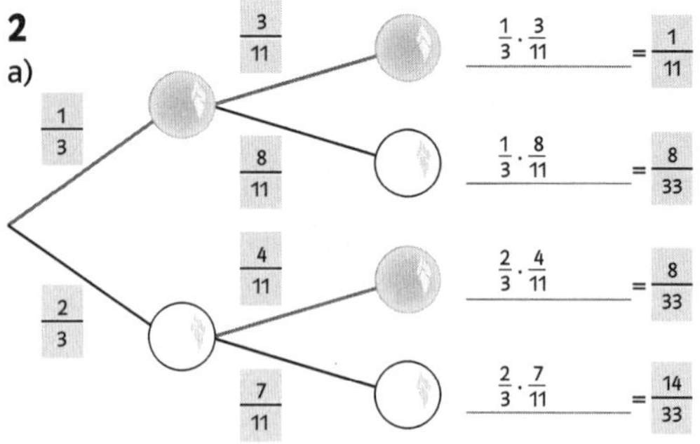

b)

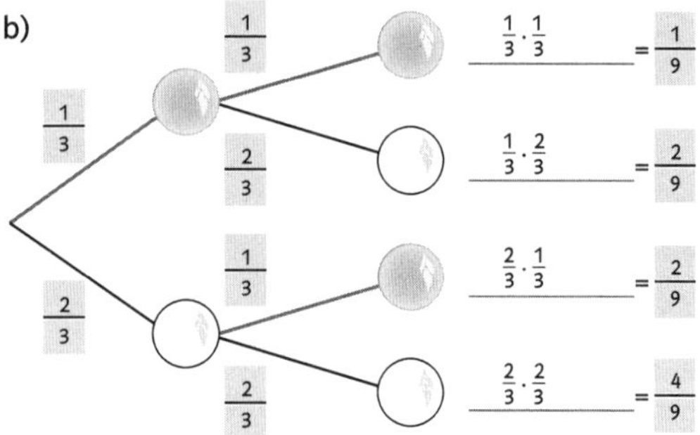

3

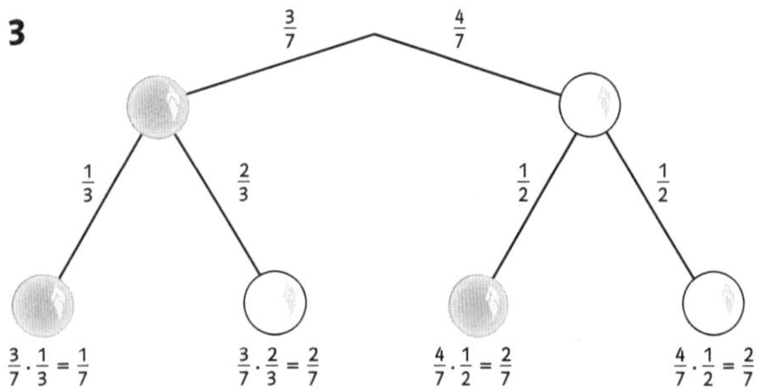

Pfadregel, Wahrscheinlichkeitsverteilung (3), Seite 32

1

a) Einträge in der rechten Spalte: $\frac{3}{8}$; $\frac{2}{8} = \frac{1}{4}$; $\frac{1}{8}$; $\frac{2}{8} = \frac{1}{4}$

b) Einträge in der rechten Spalte: 30 %; 20 %; 40 %; 10 %

2

a) Von links nach rechts:

blau: $\frac{5}{33}$; grün: $\frac{5}{44}$; rot: $\frac{5}{33}$ blau: $\frac{5}{44}$; grün: $\frac{1}{22}$; rot: $\frac{1}{11}$

blau: $\frac{5}{33}$; grün: $\frac{1}{11}$; rot: $\frac{1}{11}$

b) $\frac{10}{33} \approx 30{,}30\,\%$ c) $\frac{47}{66} \approx 71{,}21\,\%$ d) $\frac{5}{11} \approx 45{,}45\,\%$

3

a) $\frac{1}{2}$ b) $\frac{2}{3}$ c) $\frac{11}{12}$ d) $\frac{5}{12}$

Pfadregel, Wahrscheinlichkeitsverteilung (4), Seite 33

1

siehe Figur 1

2

Gegenereignis: Er trifft kein Mal.

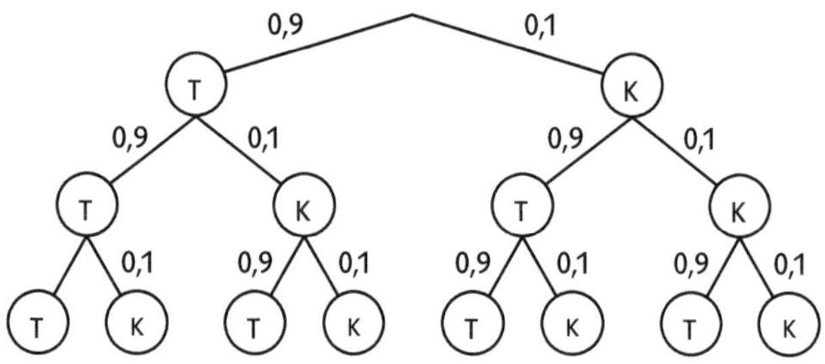

Mindestens ein Treffer: $1 - 0{,}1 \cdot 0{,}1 \cdot 0{,}1 = 0{,}999 = 99{,}9\,\%$

3

a) $\frac{1}{4}$ b) $\frac{11}{36}$ c) $\frac{1}{3}$

4

a) 4 weiße, 8 rote und 12 gelbe Kugeln

b) $\frac{7}{23} = 30{,}43\,\%$ c) $\frac{12}{20} \cdot \frac{11}{19} = \frac{33}{95} = 34{,}74\,\%$

Fig. 1

Der richtige Blick aufs Baumdiagramm (1), Seite 34

1

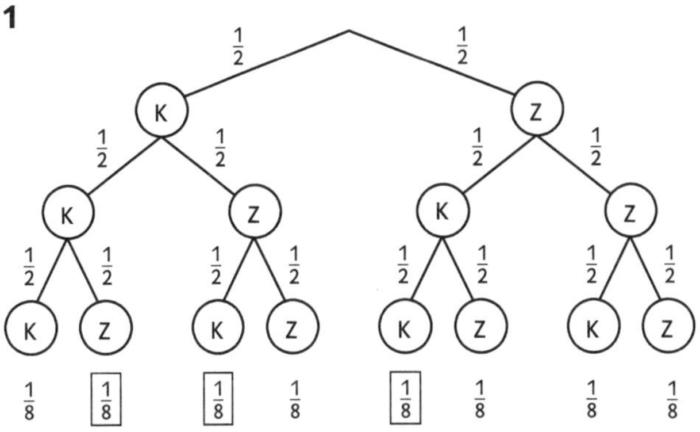

Wahrscheinlichkeit für genau zweimal Kopf: $\frac{3}{8}$

2

a) Wahrscheinlichkeit: $\frac{1}{10} \cdot \frac{1}{10} \cdot \frac{1}{10} = \frac{1}{1000}$

Anzahl der Pfade: 1000

b) Wahrscheinlichkeit: $\frac{1}{10} \cdot \frac{1}{9} \cdot \frac{1}{8} = \frac{1}{720}$

Anzahl der Pfade: 720

3

a) $\frac{1}{10}$ b) $\frac{6}{10}$ c) $\frac{3}{10}$

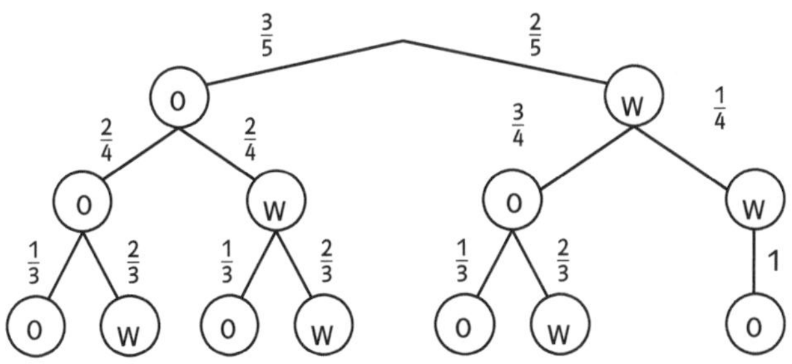

Der richtige Blick aufs Baumdiagramm (2), Seite 35

1

a)

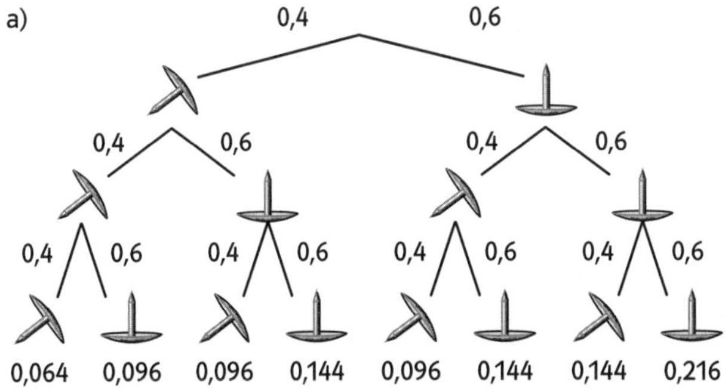

b) 1 c) 0,288 = 28,8 % d) 1 − 0,216 = 0,784 = 78,4 %

2

a)

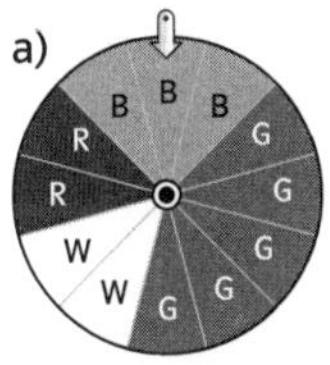

b)

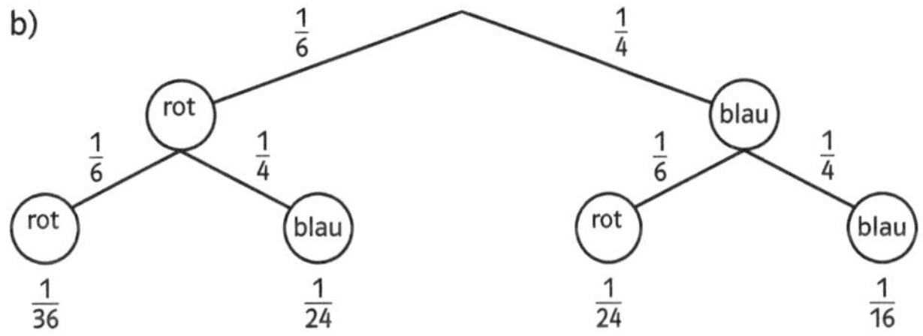

c) erst Blau, dann Rot: $\frac{1}{24}$; erst Rot, dann Blau: $\frac{1}{24}$;

zweimal Rot: $\frac{1}{36}$

3

a) z. B. Lehrerschreck, Lehrerabend, Lehrervertreter,
Elternschreck, Elternabend, Elternvertreter,
Schülerschreck, Schülerabend, Schülernoten, Schülergarten,
Schülervertreter,
Kindergarten, Kinderschreck

b) Elternabend: $\frac{3}{10} \cdot \frac{1}{8} = \frac{3}{80}$

Kinderschreck: $\frac{1}{10} \cdot \frac{1}{4} = \frac{1}{40}$

Schülernoten: $\frac{2}{5} \cdot \frac{1}{4} = \frac{1}{10}$

Schülergarten: $\frac{2}{5} \cdot \frac{1}{4} = \frac{2}{20} = \frac{1}{10}$

c) Die größte Wahrscheinlichkeit von diesen vier Wörtern haben die Wörter „Schülernoten" und "Schülergarten".

Pascalsches Dreieck und Wahrscheinlichkeiten (1), Seite 36

1

a) TTNN, TNTN, TNNT, NTTN, NTNT, NNTT

b) TTNNN, TNTNN, TNNTN, TNNNT, NTTNN, NTNTN, NTNNT, NNTTN, NNTNT, NNNTT

2

a) 5	b) 15	c) 35
d) 35	e) 1	f) nicht definiert bzw. 0
g) 252	h) 36	i) 1

3
Einzusetzen sind der Reihe nach: $\frac{1}{2}$; $\left(\frac{1}{2}\right)^5 = \frac{1}{32}$; $\left(\frac{1}{2}\right)$
(siehe Figur 1).
a) (siehe Tabelle 1)
b) (siehe Figur 2)

4
gezinkter Würfel: $\binom{7}{3} \cdot 0{,}25^3 \cdot 0{,}75^4 \approx 0{,}17$

echter Würfel: $\binom{7}{3} \cdot \left(\frac{1}{6}\right)^3 \cdot \left(\frac{5}{6}\right)^4 \approx 0{,}08$

Nach diesen Berechnungen müsste es sich um den gezinkten Würfel handeln.

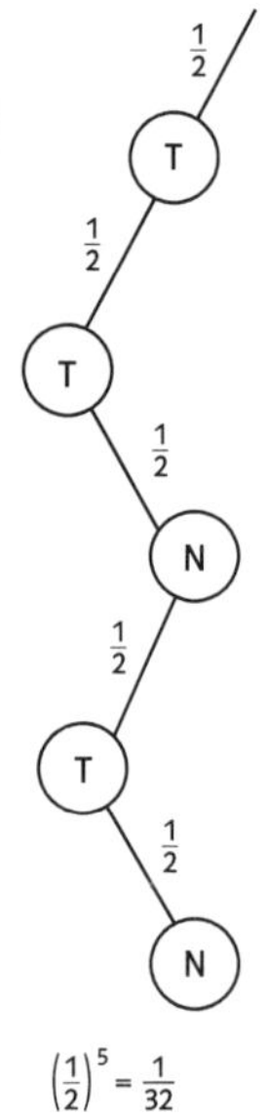

$\left(\frac{1}{2}\right)^5 = \frac{1}{32}$

Figur 1

3
a) 0,01 + 0,03 + 0,08 = 0,12 = 12%
b) 0,06 + 0,03 + 0,02 + 0,01 + 0,00 + 0,00 = 0,12 = 12%
c) 5

Wahrscheinlichkeitsrechnung | Merkzettel, Seite 38

Text: Baumdiagramme; Wahrscheinlichkeiten
Beispiele:

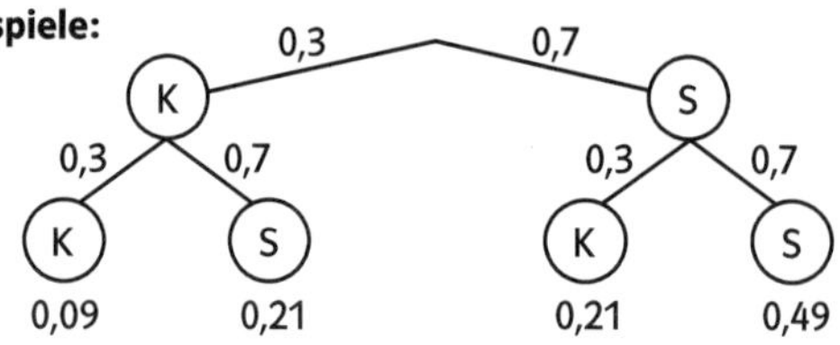

0,42 = 42%

Text: Ergebnisse
Beispiele: $\frac{1}{6}$ $\frac{3}{6}$ $\frac{4}{6} = \frac{1}{3}$

Pascalsches Dreieck und Wahrscheinlichkeiten (2), Seite 37

1
Trefferwahrscheinlichkeit: p
Anzahl der Versuchsdurchführungen: n
Anzahl der Treffer: k
a) $B(5;\ 0{,}5;\ 2) = \binom{5}{2} \cdot 0{,}5^2 \cdot 0{,}5^3 = 0{,}3125$

b) $B\left(4;\ \frac{1}{6};\ 3\right) = \binom{4}{3} \cdot \left(\frac{1}{6}\right)^3 \cdot \left(\frac{5}{6}\right)^1 \approx 0{,}0154$

c) $B\left(10;\ \frac{1}{5};\ 3\right) = \binom{10}{3} \cdot \left(\frac{1}{5}\right)^3 \cdot \left(\frac{4}{5}\right)^7 \approx 0{,}2013$

d) $B\left(5;\ \frac{1}{2};\ 4\right) = \binom{5}{4} \cdot \left(\frac{1}{2}\right)^4 \cdot \left(\frac{1}{2}\right)^1 \approx 0{,}1563$

e) $B(9;\ 0{,}25;\ 1) = \binom{9}{1} \cdot \left(\frac{1}{4}\right)^1 \cdot \left(\frac{3}{4}\right)^8 \approx 0{,}2253$

f) $B(6;\ 0{,}25;\ 3) = \binom{6}{3} \cdot \left(\frac{1}{4}\right)^3 \cdot \left(\frac{3}{4}\right)^3 \approx 0{,}1318$

2
a) 0,12 + 0,04 + 0,01 + 0,00 = 0,17 = 17%
b) 0,00 + 0,00 + 0,00 + 0,00 + 0,01 + 0,03 + 0,09 = 0,13 = 13%

Text: Ereignisses
Beispiele: $1 - \frac{1}{6} = \frac{5}{6}$

Text: verteilung; 1 = 100%
Beispiele: $\frac{1}{6}$ $\frac{2}{6} = \frac{1}{3}$ $\frac{1}{2}$ 1

Text: n; k; $\binom{n}{k} \cdot p^k \cdot q^{n-k}$
Beispiele:

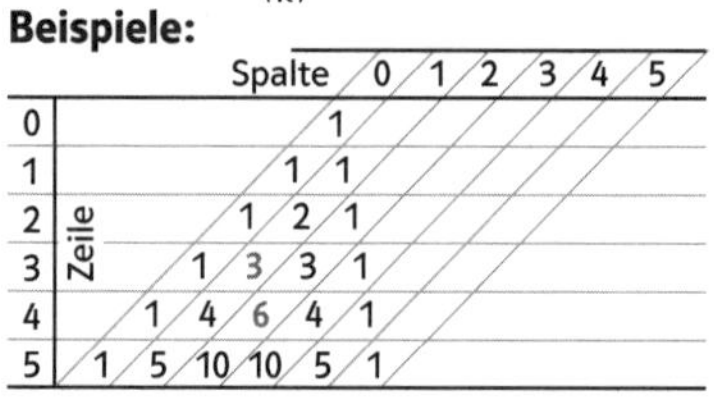

4; Treffern; Versuchen

$B(50, 34, 0{,}8) = \binom{50}{34} \cdot 0{,}8^{34} \cdot 0{,}2^{16} = 0{,}0164$

k: Anzahl der Treffer	0	1	2	3	4	5
Wahrscheinlichkeit	0,03125	0,15625	0,3125	0,3125	0,15625	0,03125

Tabelle 1

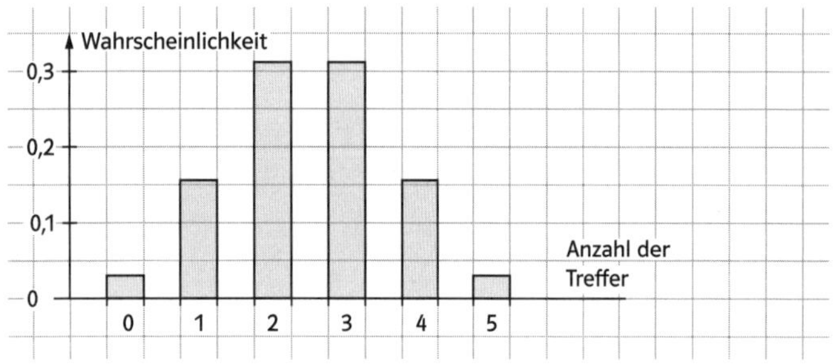

Figur 2

Funktionen, Seite 39

1
Lösungswort: Hamburg

2
a) Uhrzeit → Temperatur

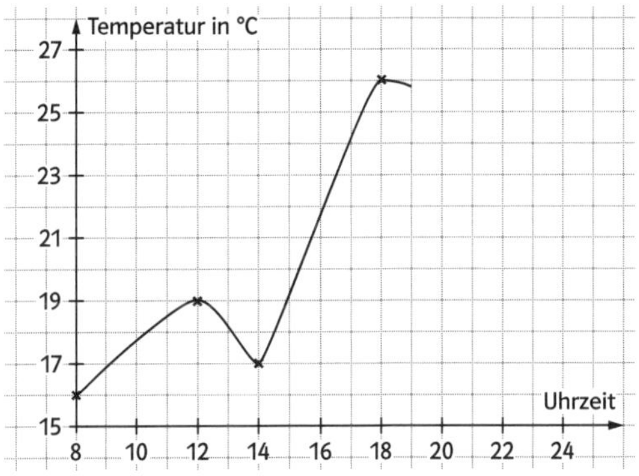

Dies ist ein möglicher Graph. Sein Verlauf könnte auch anders sein.
b) …, weil jeder Uhrzeit immer genau eine Temperatur …
c) … ist nicht funktional, denn der Temperatur 17 °C sind 14 Uhr und etwa 9 Uhr zugeordnet.

3
a) ja b) nein c) ja
d) ja e) nein f) nein

4
a) Schüler → Vater (oder Klasse, Nachname)
Blatt Papier (oder Seitenlänge eines Quadrats) → Flächeninhalt
b) Schüler → unterrichtende/r Lehrer/in (oder Sitznachbar/in, Zeugnisnote)
Eckenzahl eines Vielecks (oder Rechteckbreite, Länge der Dreiecksgrundseite) → Flächeninhalt

Lineare Funktionen (1), Seite 40

1

Eingabegröße	Ausgabegröße	prop.	lin.
Seemeilen	Kilometer	×	
°Celsius	°Fahrenheit		×
Drahtlänge	Drahtgewicht	×	
Länge des Kabels auf einer Kabeltrommel	Gesamtgewicht der Kabeltrommel		×

2
a) $g(x) = -\frac{2}{3}x + 3$
b) $h(x) = -\frac{2}{3}x - 4$; $k(x) = -\frac{2}{3}x + 6$

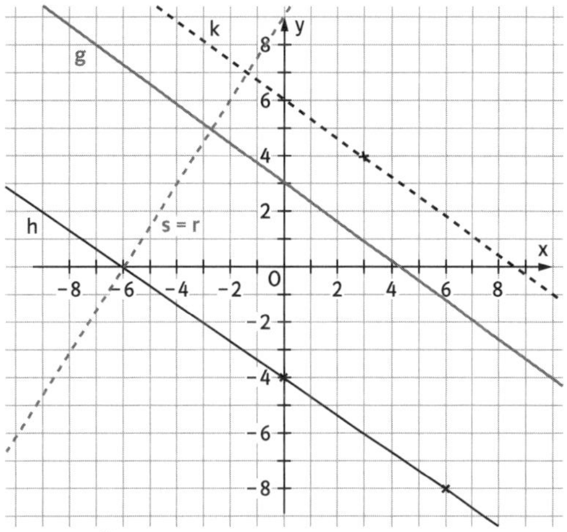

c) $s(x) = \frac{3}{2}x + 9$
d) Da die Geraden k und h parallel zueinander sind, fällt die Senkrechte r mit s zusammen.
$r(x) = \frac{3}{2}x + 9$

3
a) $y = x + 4$ b) $y = -\frac{3}{14}x - 2{,}5$
c) $y = -0{,}5x + 2$ d) $y = 1{,}5x - 5$

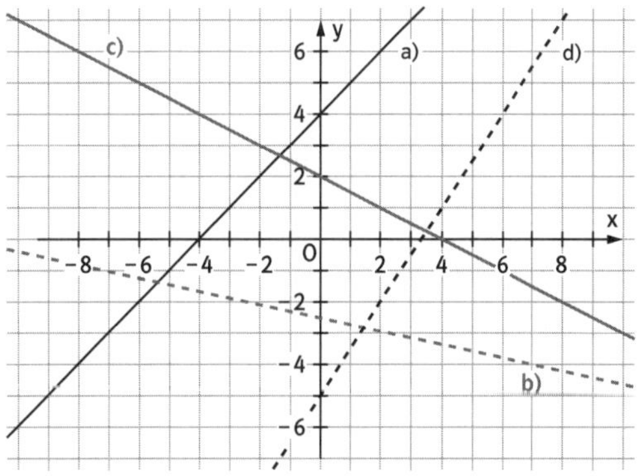

4
a) $y = 1{,}5x + 4{,}5$ b) $y = 150x + 540$
c) $y = 0{,}099x + 9{,}99$ d) $y = 132 + 0{,}0458x$
Die restlichen Funktionsgleichungen passen zu keinem der Texte.

Lineare Funktionen (2), Seite 41

1
Grundgebühr: 60 € pro Tag; pro gefahrenem Kilometer: 0,20 €
a) $y = 0{,}2x + 60$
b)

Strecke in km	0	100	250	300	400
Kosten in €	60	80	110	120	140

c)

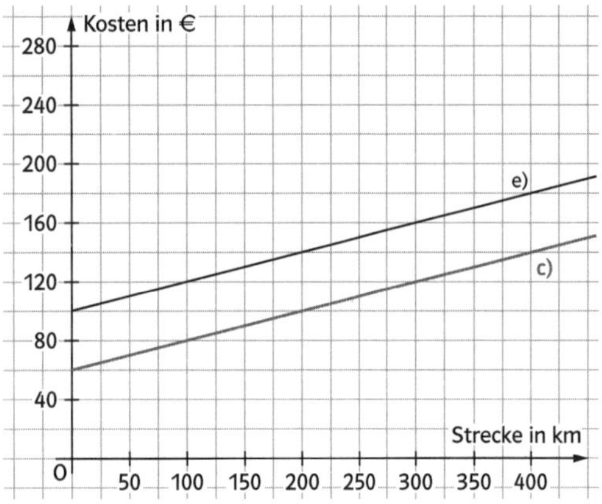

d) 114 €

e) 40 € pro Tag; $y = 0{,}2x + 100$

f)

Strecke in km	0	100	200	350	400
Kosten in €	100	120	140	170	180

g) Gerade e) im Schaubild

h) Der Graph der neuen Funktion ist ein um 40 in y-Richtung verschobener Graph der alten Funktion.

i) Leihkosten für 135 km betragen 127 €.

j) Umzug mit Anhänger ist die schlechtere Alternative.

k) Leon fährt 135 km weniger, damit spart er 16,2 l Diesel. Das entspricht einer Ersparnis von 16,2 l · 1,35 €/l = 21,87 €.

l) bessere Alternative

m) schlechtere Alternative

n) bessere Alternative

Aufstellen von linearen Funktionsgleichungen, Seite 42

1

a) $n = 5$; $y = -x + 5$

b) $m = \frac{3-4}{-4-1{,}5} = \frac{-1}{-5{,}5} = \frac{2}{11}$;

$4 = \frac{2}{11} \cdot 1{,}5 + n$; $n = \frac{41}{11}$ $y = \frac{2}{11}x + \frac{41}{11}$

c) $m = \frac{4}{5}$; $n = -\frac{6}{5}$; $y = \frac{4}{5}x - \frac{6}{5}$

d) $m = -\frac{40}{13}$; $n = \frac{74}{13}$; $y = -\frac{40}{13}x + \frac{74}{13}$

2

x	−2	−1	0	1	3	4
f(x)	7	5	3	1	−3	−5

a: $x \to -2 \cdot x + 3$

x	−3	−1	0	1	4	4,5
f(x)	−19	−5	2	9	30	33,5

b: $x \to 7x + 2$

x	−5	−3	0	1	2	6
f(x)	−7	−5,8	−4	−3,4	−2,8	−0,4

c: $x \to 0{,}6 \cdot x - 4$

x	−4	−2	−1	0	1	4
f(x)	$-3\frac{2}{3}$	$-4\frac{1}{3}$	$-4\frac{2}{3}$	−5	$-5\frac{1}{3}$	$-6\frac{1}{3}$

d: $x \to -\frac{1}{3}x - 5$

3

A: $y = -\frac{1}{2}x + \frac{1}{2}$ B: $y = 1{,}5x + 2{,}5$

C: $y = -2{,}5x + 6{,}5$ D: $y = \frac{3}{4}x - 0{,}75$

E: $y = 0{,}5x - 0{,}5$ F: $y = \frac{1}{6}x - 1{,}5$

G: $y = -x - 1$ H: $y = -2x - 6$

4

a) 0,6 · 16 000 l = 9600 l

b) In einer Minute laufen $\frac{6000}{15}$ = 400 l Wasser ab.

c) $f(x) = -400x + 9600$

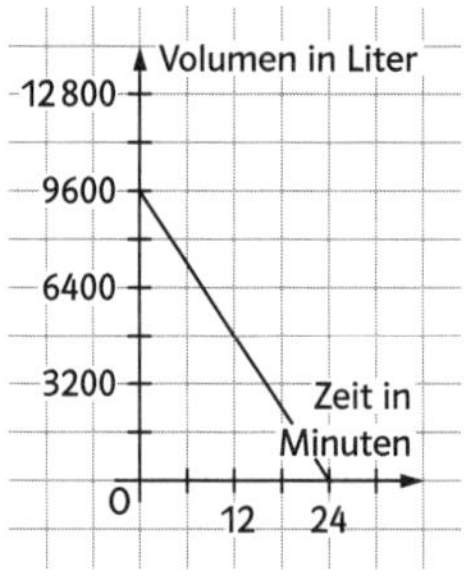

d) 3600 l e) 8 Minuten f) 24 Minuten

Quadratische Funktionen mit $y = a \cdot x^2$ (1), Seite 43

1

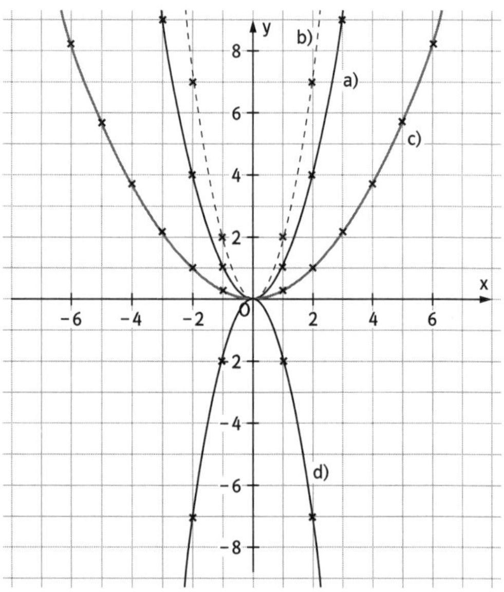

2

Eingesetzt werden nacheinander: doppelt, vier, Scheitelpunkt, unten, Vorzeichen.

3

a) $y = 4x^2$ b) $y = \frac{1}{3}x^2$ c) $y = -\frac{1}{2}x^2$ d) $y = -\frac{3}{2}x^2$

4

$P(-6|48)$; $Q(4|21\frac{1}{3})$; $R(0{,}5|\frac{1}{3})$; $S(9|108)$; $T(-2{,}5|8\frac{1}{3})$; $U(15|300)$

Bei Q, S und U könnte der x-Wert jeweils auch negativ sein.

5

a) Auf der Parabel liegen die Punkte A, C und D.
b) Auf der Parabel liegen die Punkte A und B.

6

a) $y = -4x^2$ b) $y = 5{,}5x^2$ c) $y = 2x^2$ d) $y = 2{,}5x^2$

Quadratische Funktionen mit $y = a \cdot x^2$ (2), Seite 44

1

x	x = 0	$x = \frac{1}{2}$	x = 1	x = 2
a) $y = x^2$	0	$\frac{1}{4}$	1	4
b) $y = 0{,}5x^2$	0	$\frac{1}{8}$	$\frac{1}{2}$	2
c) $y = x^3$	0	$\frac{1}{8}$	1	8
d) $y = -x^3$	0	$-\frac{1}{8}$	−1	−8

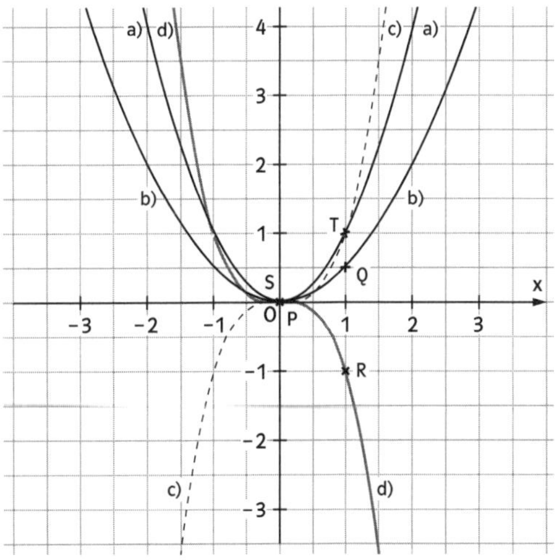

2

Einträge in der Reihenfolge: unter; $S(0|0)$; $T(1|1)$; über (oberhalb); x^2; $y = x^2$; $P(0|0)$; $Q(1|0{,}5)$; $R(1|-1)$; $-x^3$

3

$P(6|72)$; $Q(-2|-\frac{8}{3})$; $R(-1|-\frac{1}{3})$; $S(3|9)$

4

a) f b) g c) l
d) k e) h f) m

5

a) $y = 1{,}5x^5$ b) $y = -2x^2/-2x^4/-2x^6/\dots$
c) $y = x^3/x^5/x^7/\dots$ d) $y = -\frac{1}{2}x^3$

Quadratische Funktionen (1), Seite 45

1

a) $y = 13x + 2$ b) $y = 1{,}6x$
c) $y = x^2 - 2$ d) $y = \frac{1}{x+3}$

2

f: $y = 8x + \frac{1}{4}$ d: $y = \frac{2}{x} - 2$
a: $y = \frac{x}{2} - 2$ e: $y = 4 + \frac{1}{8x}$
b: $y = 5 - 3x^2$ c: $y = (5 - 3x)^2$

3

a) (2): $f(x) = \frac{1}{x+2} - 3$ (3): $g(x) = 2x$
(1): $h(x) = (x+2)^2 - 3$ (4): $k(x) = -x - 3$

b) $k(3) = -6$ $h(-5) = 6$ $f(-2{,}5) = -5$

4

a) Es gilt $a(3) = -1$ $b(3) = -1$ $c(3) = -9$
$d(3) = -1$.
Somit liegt $P(3|-1)$ auf den Graphen der Funktionen a; b und d, aber nicht auf dem der Funktion c.

b)

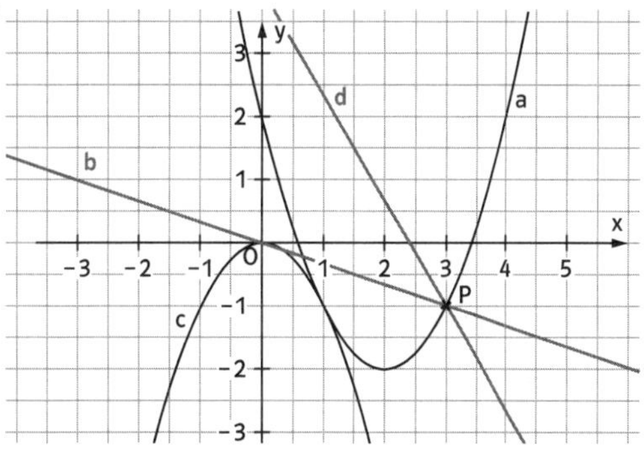

Quadratische Funktionen (2), Seite 46

1

a) g b) i c) m
d) k e) h f) l

2

a) S(−3 | 0) b) S(0 | −2) c) S(2 | 1)
d) S(0 | 4) e) S(−2 | 3) f) S(1 | −1)

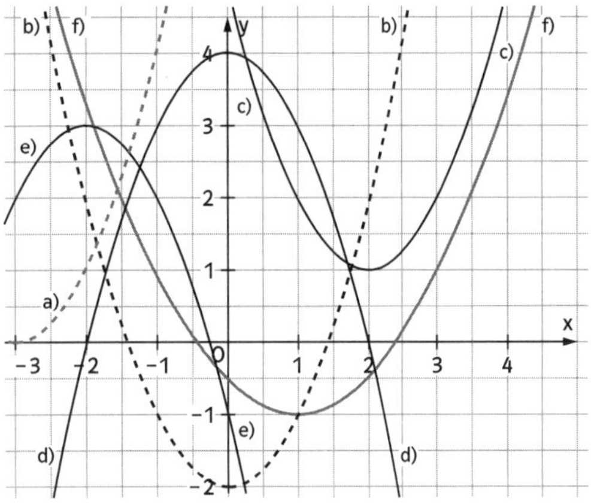

3

a) verschoben um 3 nach rechts und 5 nach oben; enger
b) verschoben um 6 nach links und 2,5 nach unten; nach unten geöffnet
c) verschoben um 10 nach oben; nach unten geöffnet; enger
d) verschoben um 5 nach unten; breiter
e) verschoben um 6 nach rechts; nach unten geöffnet; breiter
f) verschoben um $\frac{1}{2}$ nach links; breiter

4

S(0 | 5) gehört zu $y = x^2 + 5$; $y = 5x^2 + 5$; $y = \frac{1}{3}x^2 + 5$

S(−2,5 | 0,5) gehört zu $y = (x + 2{,}5)^2 + 0{,}5$; $y = 5(x + 2{,}5)^2 + 0{,}5$
S(5,2 | −4) gehört zu $y = -2{,}5(x - 5{,}2)^2 - 4$

S($\frac{1}{3}$ | 0) gehört zu $y = \frac{1}{3}(x - \frac{1}{3})^2$; $y = 5{,}2(x - \frac{1}{3})^2$

S(0 | −$\frac{1}{2}$) gehört zu $y = 5x^2 - \frac{1}{2}$; $y = \frac{1}{3}x^2 - \frac{1}{2}$; $y = -x^2 - \frac{1}{2}$

Quadratische Funktionen (3), Seite 47

1

a) $y = (x + 5)^2 - 3$
b) $y = 4x^2$ $y = 4x^2 + 3{,}5$ $y = 4(x + 7)^2 + 3{,}5$
c) um 8 Einheiten nach rechts verschoben $y = -(x - 8)^2$
d) S(−9 | −4) unten

2

a) S(−5 | 4) $y = (x + 5)^2 + 4$
b) S(0 | −1) $y = \frac{1}{4}x^2 - 1$
c) S(−2 | 5) $y = -2(x + 2)^2 + 5$
d) S(2 | 2) $y = 3(x - 2)^2 + 2$
e) S(3 | −1) $y = (x - 3)^2 - 1$
f) S(2,5 | 1,5) $y = -(x - 2{,}5)^2 + 1{,}5$

3

a) $y = x^2 + 1$ oder $y = x^2 + 3$ bzw. $y = ax^2 + c$ (a und c müssen positive Zahlen sein)
b) $y = (x - 2)^2$ oder $y = -2(x - 2)^2$ bzw. $y = a(x - 2)^2$ (mit beliebigem a)
c) $y = -(x + 2) \cdot (x - 2) = -x^2 + 4$ oder $y = -2 \cdot (x + 2) \cdot (x - 2) = -2x^2 + 8$
d) $y = (x - 2)^2 - 1$ oder $y = -(x - 3)^2$

4

a) $y = (x - 2)^2 + 1$ b) $y = -(x + 2)^2 - 1$

Aufstellen von quadratischen Funktionsgleichungen (1), Seite 48

1

Eingetragen werden:
a) Scheitel; S(14 | 98); 98 m; 14 m
b) 0 m; L(28 | 0); 28 m; Nullstellen

2

a) Minimum bei S(3 | −4) b) Minimum bei S(−1 | 5)
c) Maximum bei S(5 | 30) d) Minimum bei S($\frac{1}{2}$ | −$\frac{9}{4}$)
e) Minimum bei S(−4 | 8) f) Maximum bei S(−10 | 200)

3

a) $y = -3 \cdot (x - 3)^2 + 27$; Höhe 27 m b) Weite 6 m

4

a)

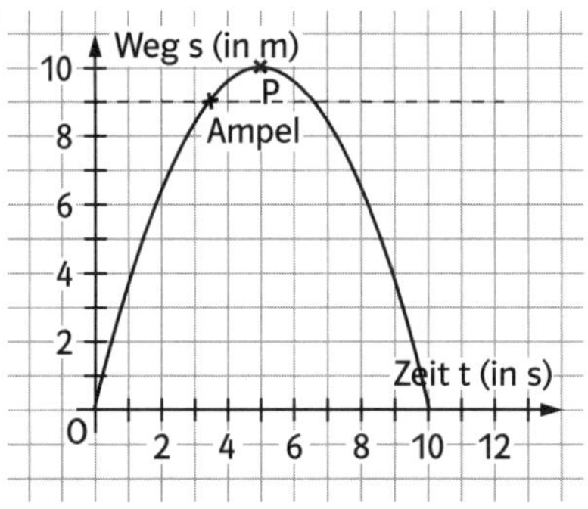

b) Die erste und die vierte (letzte) Aussage sind richtig.
c) Punkt P im Schaubild. Laura muss 5 Sekunden bremsen, … legt sie noch 10 Meter zurück. Sie kommt also hinter der Ampel zum Stehen.

Aufstellen von quadratischen Funktionsgleichungen (2), Seite 49

1

a) $0 = 3x \cdot (x - 4)$
$3x = 0$ oder $x - 4 = 0$
$x = 0$ oder $x = 4$

b) $0 = \frac{1}{4}x \cdot (x + 8)$
$\frac{1}{4}x = 0$ oder $x + 8 = 0$
$x = 0$ oder $x = -8$

2

a) x-Wert des Scheitels: 1;
y-Wert des Scheitels: $y(1) = 1^2 - 2 \cdot 1 - 8 = 1 - 2 - 8 = -9$
Der Scheitelpunkt ist S(1 | −9).

b) x-Wert des Scheitels: $(1 + 5) : 2 = 3$

y-Wert des Scheitels: $0{,}5 \cdot 3^2 - 3 \cdot 3 + 2{,}5 = -2$

Der Scheitelpunkt ist $S(3 \mid -2)$.

c) x-Wert des Scheitels: $(-6 - 3) : 2 = -4{,}5$;

y-Wert des Scheitels: $-3 \cdot (-4{,}5)^2 - 27 \cdot (-4{,}5) - 54 = 6{,}75$

Der Scheitelpunkt ist $S(-4{,}5 \mid 6{,}75)$.

3

Funktionsgleichung	Nullstellen		Mittelwert der Nullstellen	Scheitelpunkt
a) $y = x^2 - 6x$	$x = 0$	$x = 6$	3	$S(3 \mid -9)$
b) $y = x^2 - 6x + 5$	$x = 1$	$x = 5$	3	$S(3 \mid -4)$
c) $y = x^2 - 6x + 8$	$x = 2$	$x = 4$	3	$S(3 \mid -1)$
d) $y = x^2 - 6x - 7$	$x = -1$	$x = 7$	3	$S(3 \mid -16)$

4

a) Nullstellen: 0 und 6; x-Wert des Scheitels: 3;

y-Wert des Scheitels: $3^2 - 6 \cdot 3 + 11 = 2$; Scheitelpunkt $S(3 \mid 2)$

b) Gleichung der verschobenen Parabel: $y = \frac{1}{2}x^2 + x = \frac{1}{2}x \cdot (x + 2)$

Nullstellen: 0 und -2; x-Wert des Scheitels: -1

y-Wert des Scheitels: $\frac{1}{2} \cdot (-1)^2 + (-1) + 5 = 4{,}5$;

Scheitelpunkt $S(-1 \mid 4{,}5)$

Aufstellen von quadratischen Funktionsgleichungen (3), Seite 50

1

a) Normalform

I: $6{,}5 = a \cdot 1^2 + b \cdot 1 + 4$; II: $17 = a \cdot (-2)^2 + b \cdot (-2) + 4$

$a = 3$; $b = -0{,}5$; $c = 4$; $y = 3x^2 - 0{,}5x + 4$

b) Scheitelpunktform; Allgemein: $y = a(x - d)^2 + e$

$S(3 \mid -1)$ liefert: $y = a \cdot (x - 3)^2 - 1$

$D(6 \mid 2)$ ergibt: $2 = a \cdot (6 - 3)^2 - 1$

$2 = a \cdot 9 - 1 \quad | +1$

$3 = 9a$

$a = \frac{1}{3}$

$y = \frac{1}{3}(x - 3)^2 - 1 = \frac{1}{3}x^2 - 2x + 2$

c) Scheitelpunktform; Allgemein: $y = a(x - d)^2 + e$

$S(1 \mid 2{,}5)$ liefert: $y = a \cdot (x - 1)^2 + 2{,}5$

$T(0 \mid 0{,}5)$ ergibt: $0{,}5 = a \cdot (0 - 1)^2 + 2{,}5$

$0{,}5 = a + 2{,}5 \quad | -2{,}5$

$a = -2$

$y = -2(x - 1)^2 + 2{,}5 = -2x^2 + 4x + 0{,}5$

d) Normalform; Allgemein: $y = ax^2 + bx + c$

y-Achsenabschnitt einsetzen: $y = ax^2 + bx - 2$

$P(2 \mid 9)$ ergibt I: $9 = a \cdot 2^2 + b \cdot 2 - 2$; $R(-4 \mid -6)$ ergibt

II: $-6 = a \cdot (-4)^2 + b(-4) - 2$

$a = 0{,}75$; $b = 4$; $c = -2$; $y = 0{,}75x^2 + 4x - 2$

2

a) $4 = 9 + 6 + t$

$4 = 15 + t \quad | -15$

$t = -11$

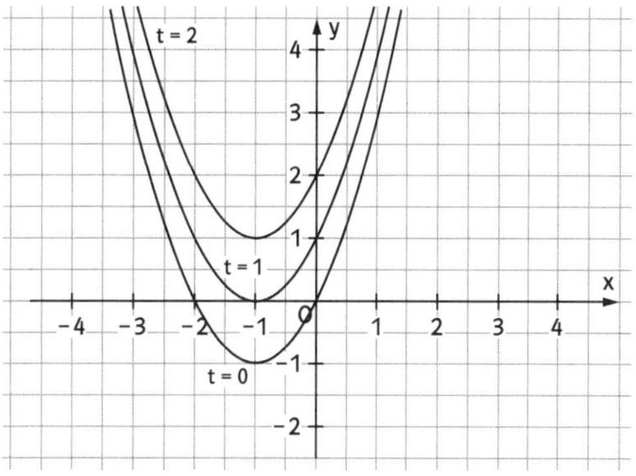

b) $4 = t(3 - 3)^2 + 1$

$4 = t \cdot 0 + 1$

$3 = t \cdot 0$

Es gibt keinen Wert für 0, bei dem der Graph durch P verlaufen würde.

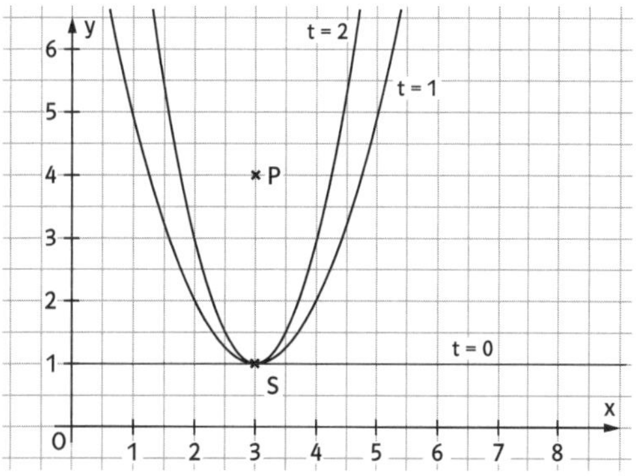

Lineare und quadratische Funktionen | Merkzettel, Seite 51

Text: y; Funktionsgleichung

Beispiele: $y = -\frac{1}{2} \cdot x + 2$; 0; $f(1) = -\frac{1}{2} \cdot 1 + 2 = 1{,}5$

Text: Steigung; y-Achsenabschnitt

Beispiele:

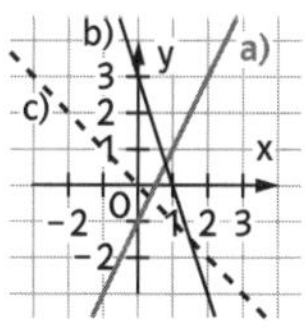

Beispiele: $m = \frac{6 - 0}{1{,}5 - (-0{,}5)} = \frac{6}{2} = 3$

$0 = 3 \cdot (-0{,}5) + n$

$n = 1{,}5 \qquad y = 3 \cdot x + 1{,}5$

Text: Parabeln; rechts; oben; $(d \mid e)$; Normal

Beispiele: a) $y = 2(x + 2)^2 - 1 \qquad S(-2 \mid -1)$

b) $y = 2(x - 3)^2 + 2 \qquad S(3 \mid 2)$

c) $y = -x^2 \qquad S(0 \mid 0)$

Normalparabel

Text: Einsetzen

Beispiele: 2. $y = a(x - 2)^2 + 2 \qquad 0 = a \cdot (4 - 2)^2 + 2$

3. $a = -\frac{1}{2}$ 4. $y = -\frac{1}{2}(x - 2)^2 + 2$

Üben und Wiederholen | Training 3, Seite 52

1
Einzukreisen sind: $\sqrt{7}$, $\sqrt{8}$, $\sqrt{65}$, $\sqrt{101}$, $\sqrt{49} = 7$, $\sqrt{121} = 11$, $\sqrt{100} = 10$

2
a) $7 \cdot \sqrt{7}$ b) -10
c) -4 d) $\sqrt{15}$

3
a) 70 dm = 7 m b) $\sqrt{8}$ m ≈ 2,83 m c) 100 m d) 3,5 cm

4
a) $4 \cdot \sqrt{3}$ b) $9 \cdot \sqrt{5}$ c) $12 \cdot \sqrt{3}$ d) $14 \cdot \sqrt{3}$

5
a) $\sqrt{20}$ b) $\sqrt{175}$ c) $\sqrt{490}$ d) $\sqrt{1500}$

6
a) richtig b) falsch; $2mn - 1{,}25n^2$
c) falsch; $-\frac{3}{2}yz - 6z^2 + 4z$ d) richtig
e) falsch; $4p - 3pq - 3q$ f) falsch; $9x^6y^3$
g) richtig

7
a) $V_{außen} = 2\,m \cdot 0{,}8\,m \cdot 0{,}7\,m = 1{,}12\,m^3$
b) $V_{innen} = 1{,}96\,m \cdot 0{,}76\,m \cdot 0{,}66\,m = 0{,}983136\,m^3 = 983\,l$
c) Sie braucht 983 l Blumenerde. 1000 l : 50 l = 20
Sie sollte 20 Säcke zu 50 l kaufen.

8
Außenradius: 15 cm; Innenradius: 13 cm; Wandstärke: 2 cm
a) $V = \pi \cdot (13\,cm)^2 \cdot 500\,cm \approx 265\,330\,cm^3 \approx 265\,l$
b) $A = 2\pi \cdot (15\,cm)^2 \cdot 500\,cm + 2\pi \cdot ((15\,cm)^2 - (13\,cm)^2)$
$\approx 475\,dm^2 \approx 4{,}75\,m^2$

Üben und Wiederholen | Training 3, Seite 53

9
a) $\frac{1}{6} = 1{,}1\overline{6} = 16{,}\overline{6}\,\%$
b) $\frac{1}{20} = 0{,}05 = 5\,\%$
c) $\frac{1}{7} \approx 0{,}14 \approx 14\,\%$

10
Blau: 16,7 % $\left(= \frac{2}{12}\right)$

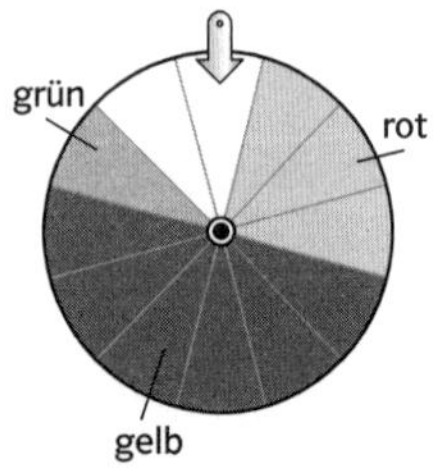

11
Das Gegenereignis lautet: mindestens einmal eine Sechs.
Wahrscheinlichkeit, zweimal eine Zahl kleiner als sechs zu würfeln: $\frac{5}{6} \cdot \frac{5}{6} = \frac{25}{36}$

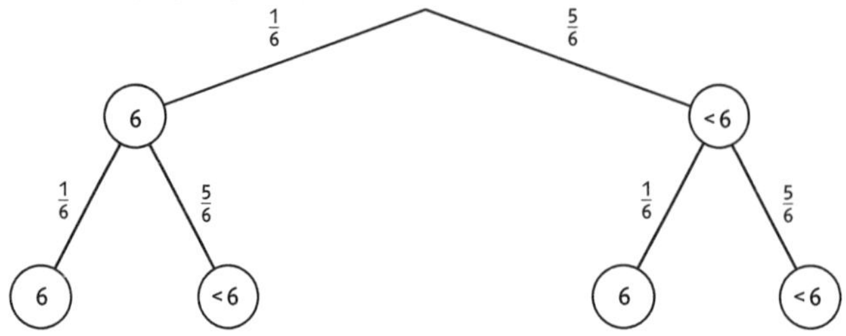

12
a) $35 + 35 = 70 = \binom{8}{4}$ b) $6 + 15 = 21 = \binom{7}{2}$
c) $70 + 56 = 126 = \binom{9}{5}$ d) $\binom{n+1}{k+1}$

13
a) und b)

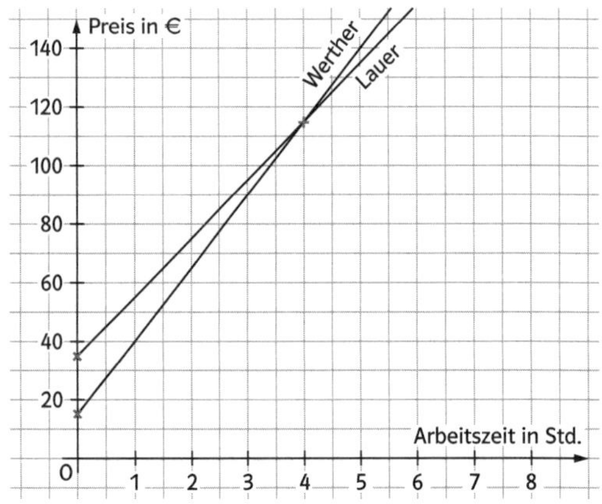

c) Bei einer voraussichtlichen Arbeitszeit von drei Stunden müsste Frau Becker bei der Firma Lauer insgesamt 95 € und bei der Firma Werther 90 € bezahlen. Somit wäre die Firma Werther günstiger.
d) Bei einer voraussichtlichen Arbeitszeit von fünf Stunden müsste Frau Becker bei Firma Lauer insgesamt 135 €, bei der Firma Werther 140 € bezahlen. Somit wäre die Firma Lauer günstiger.

Begriffe festlegen – Definieren, Seite 54

1
a) keine Definition; Gegenbeispiele: Schubkarren, Motorrad
b) keine Definition; Gegenbeispiele: Dreirad, Einrad
c) korrekte Definition
d) keine Definition; Gegenbeispiel: rotes Fahrrad, blaues 28-Zoll-Fahrrad

2
Definitionen sind Vorschlag b), e), und f).
Ungenau oder falsch sind Vorschlag a) und d).
Überflüssige Angaben enthält Vorschlag c).

3

Rechteck: Viereck mit vier rechten Winkeln
Drachenviereck: Viereck mit orthogonalen Diagonalen, von denen eine Symmetrieachse ist
Raute: Viereck mit vier gleich langen Seiten
Trapez: Viereck mit mindestens einem Paar paralleler Seiten
Parallelogramm: Viereck, bei dem gegenüberliegende Seiten parallel sind
Quadrat: Viereck mit vier Symmetrieachsen

4

a) - zwei kurze Striche als Augen
- zwei längere Striche für die Arme
- echtes Rechteck (kein Quadrat!) als Körper

b) Nur die linke Figur ist ein Knispel.

Spezialisieren – Verallgemeinern – Ordnen, Seite 55

1

a) (siehe Figur 1)
b) Spezialisieren:
Einige Gorillas sind Berggorillas.
Kängurus sind besondere Beuteltiere.
Manche Wirbeltiere sind Säugetiere (oder Reptilien oder Vögel oder ...).
Verallgemeinern:
Jedes Säugetier ist auch ein Wirbeltier.
Jeder Gorilla ist ein Primat (und ein Säugetier und ein Wirbeltier).
Jedes Känguru ist ein Säugetier.

2

	Figur	Eigenschaft	Spezialisierung		wenn ja, Name der spezialisierten Figur
			ja	nein	
a)	Viereck	vier rechte Winkel	×		Rechteck
b)	Dreieck	Winkelsumme beträgt 180°		×	
c)	Trapez	zwei gleich lange Seiten	×		gleichschenkliges Trapez
d)	gerades Prisma	rechteckige Grundfläche	×		Quader

3

Verallgemeinern:
Ein Körper mit zwei parallel verschobenen, kongruenten Vielecken als Grund- und Deckfläche und Parallelogrammen als Seitenflächen heißt Prisma. Ein Prisma mit Rechtecken als Seitenflächen heißt gerades Prisma. Ein gerades Prisma mit rechteckiger Grund- und Deckfläche heißt Quader. Ein Quader mit sechs gleichen Quadraten als Seitenflächen heißt Würfel.
Spezialisieren:
Jedes Prisma ist auch ein Körper. Jedes gerade Prisma ist auch ein Prisma. Jeder Quader ist auch ein gerades Prisma. Jeder Würfel ist auch ein Quader.

Aussagen überprüfen – Beweisen und Widerlegen (1), Seite 56

1

a) Wenn Sonntag ist, dann findet kein Unterricht statt.
b) Wenn der 24. Dezember ein Sonntag ist, dann ist die Adventszeit nur drei Wochen lang.
c) Wenn es zu viel regnet, dann tritt der See über die Ufer.

Figur 1

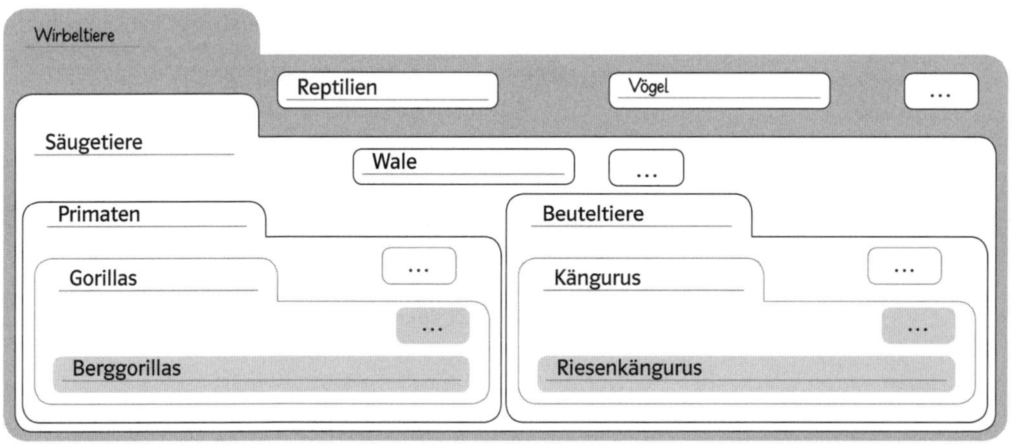

2

a) Voraussetzung: „mit zwei gleich großen Winkeln"
Wenn ein Dreieck zwei gleich große Winkel hat, dann ist es gleichschenklig.
b) Voraussetzung: „Zweistellige"
Wenn eine Primzahl zweistellig ist, dann ist sie ungerade.
c) Voraussetzung: „mit vier rechten Winkeln"
Wenn ein Viereck vier rechte Winkel hat, dann sind die Diagonalen gleich lang.
d) Voraussetzung: „Kongruente"
Wenn Dreiecke kongruent sind, dann haben sie den gleichen Flächeninhalt.

3

a) Wenn ein Dreieck gleichschenklig ist, dann hat es zwei gleich große Winkel. (wahr)
b) Wenn eine Primzahl ungerade ist, dann ist sie zweistellig. (falsch; Gegenbeispiele: 3, 5 und 7)
c) Wenn ein Viereck gleich lange Diagonalen hat, dann hat es vier rechte Winkel. (falsch; Gegenbeispiel: gleichschenkliges Trapez:

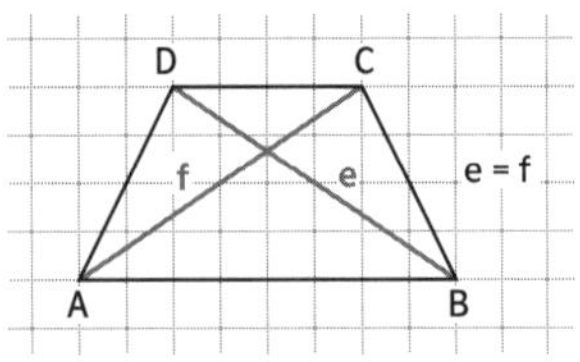

d) Wenn Dreiecke den gleichen Flächeninhalt haben, dann sind sie kongruent. (falsch; Gegenbeispiel: Dreiecke mit gleich langer Grundseite und zugehöriger Höhe, die verschiedene Winkel haben, zum Beispiel: Dreiecke mit gleicher Seite und zugehöriger Höhe)

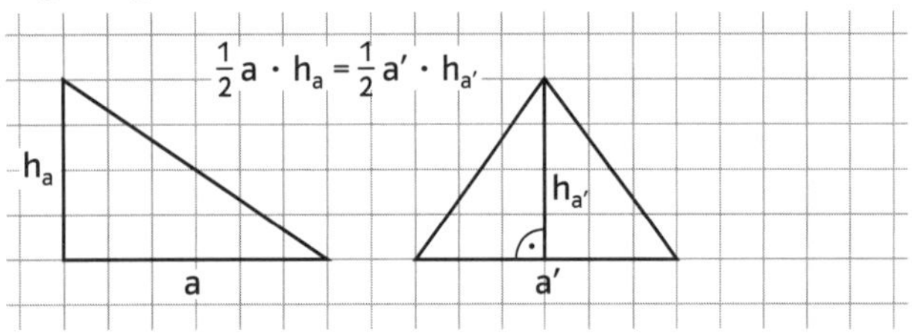

Aussagen überprüfen –Beweisen und Widerlegen (2), Seite 57

1

a) falsch; Raute
b) falsch; gleichschenkliges Trapez, Raute
c) falsch; Parallelogramm mit gleicher Seite a und Höhe h_a
d) wahr
e) falsch;

f) falsch; Parallelogramm

2

a) Voraussetzung: zwei durch 7 teilbare natürliche Zahlen
Behauptung: Die Summe der beiden Zahlen ist durch 7 teilbar.
Beweis: Da beide Zahlen durch 7 teilbar sind, muss jede Zahl den Faktor 7 enthalten. Also kann man für die erste Zahl $7 \cdot x$ und für die zweite Zahl $7 \cdot y$ schreiben. Damit ergibt sich als Summe: $7x + 7y$. Nach dem Distributivgesetz gilt: $7y + 7y = 7 \cdot (x + y)$. Da dieser Term den Faktor 7 enthält, ist die Summe der beiden Zahlen durch 7 teilbar.
b) Voraussetzung: Drei Winkel in einem Fünfeck sind 108° und die beiden anderen sind gleich groß.
Behauptung: Das Fünfeck ist regelmäßig.
Beweis: Die Innenwinkelsumme in einem Fünfeck beträgt 540°. Da drei Winkel je 108° groß sind, ergeben diese Winkel zusammen $3 \cdot 108° = 324°$. Damit bleiben für die beiden anderen Winkel noch $540° - 324° = 216°$. Jeder der beiden Winkel ist also $216° : 2 = 108°$ groß. Also sind alle fünf Winkel gleich groß und das Fünfeck ist regelmäßig.

3

Voraussetzung: Das Viereck hat genau eine Symmetrieachse.
Behauptung: Es ist ein Drachenviereck.
Gegenbeispiel:
gleichschenkliges Trapez

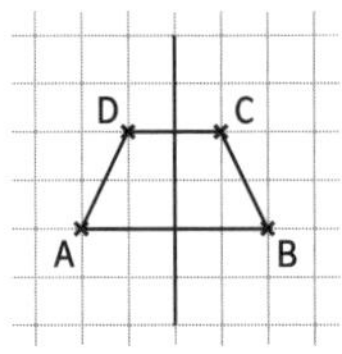

Beweise führen – Strategien (1), Seite 58

1

Eine gerade natürliche Zahl lässt sich so schreiben: $n = 2 \cdot m$
Quadriert ergibt sich: $n^2 = (2 \cdot m)^2 = 4 \cdot m^2$. Also ist die Behauptung wahr.

2

$(2 - 1) \cdot (3 - 2) \cdot (1 - 3) = -2$ bzw. $(3 - 1) \cdot (1 - 2) \cdot (2 - 3) = 2$
Diese Produkte sind beide gerade.

3

Im ersten der beiden Spezialfälle rechts erkennt man vier Dreiecke, die aus Symmetriegründen kongruent sind.

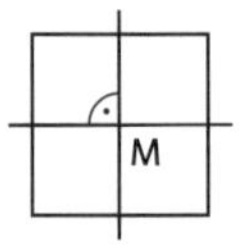

Der kleinste Winkel, bei dem es auf sich selbst abgebildet wird, beträgt 90°. Auch das Quadrat wird durch diese Drehung auf sich selbst abgebildet. Daher sind die vier Schnittfiguren kongruent. Die Vermutung ist also wahr.

4

a) Dieses Dreieck hat die Winkel 60°, 60° und 60°, es ist also ein gleichseitiges Dreieck. Wegen der Symmetrie ist dann c genau halb so lang wie die Seitenlänge b (des gleichseitigen Dreiecks). Damit ist die Behauptung wahr.

b) Die Höhen im gleichseitigen Dreieck sind wegen der Symmetrie gleichzeitig die Mittelsenkrechten, die Seitenhalbierenden und Winkelhalbierenden. Wegen der Eigenschaft der Winkelhalbierenden und der Winkelsumme im Dreieck haben alle sechs Teildreiecke die Winkel 30°, 90° sowie 60° und sind nach dem Kongruenzsatz wsw kongruent, wodurch die Behauptung mithilfe von Teilaufgabe a) bewiesen ist.

Beweise führen – Strategien (2), Seite 59

1

$\alpha + \beta + \gamma + \delta = 360°$. Spitze Winkel seien α, β und γ das heißt, sie sind jeweils kleiner als 90°, und zusammen ist die Summe $\alpha + \beta + \gamma$ dann kleiner als 270°. Daher muss dann $\delta = 360° - (\alpha + \beta + \gamma)$ größer als 90° sein.

2

a)

Strategie	Feststellung	Begründung
gleiche Winkel finden	$\sphericalangle AFD = \sphericalangle DFC = 90°$ und $\sphericalangle DEB = \sphericalangle CED = 90°$	1) DECF ist ein Rechteck. 2) Nebenwinkelsatz
gleiche Winkel finden	$\sphericalangle BAC = 45°$ und $\sphericalangle CBA = 45°$	Eigenschaft eines gleichschenkligen und rechtwinkligen Dreiecks
gleiche Winkel finden	$\sphericalangle FDA = 45°$ und $\sphericalangle BDE = 45°$	Winkelsumme im Dreieck ist 180°.
Zwischenergebnis	Die Teildreiecke ADF und DBE sind gleichschenklig und rechtwinklig.	Folgt aus obigen Schritten.
gleiche Strecken finden	$\overline{ED} = \overline{EB}$ und $\overline{AF} = \overline{DF}$	Eigenschaft eines gleichschenkligen Dreiecks.
Streckenlängen addieren	$\overline{CE} + \overline{ED} = \overline{CE} + \overline{EB} = \overline{CB}$ $\overline{DF} + \overline{FC} = \overline{AF} + \overline{FC} = \overline{AC}$	Folgt aus obigen Überlegungen.
Umfang bestimmen	$U = \overline{CE} + \overline{ED} + \overline{DF} + \overline{FC} = \overline{CB} + \overline{AC}$	Da U unabhängig von der Wahl des einbeschriebenen Rechtecks ist, haben alle Rechtecke den gleichen Umfang.

b) Die farbigen Teilrechtecke haben eine gleich lange Seite: $\overline{PS} = \overline{DS}$, da das Dreieck PDS gleichschenklig ist. Die zweite Seitenlänge des grauen Rechtecks ist in keinem Fall größer als die des orangen Rechtecks (die ja mit der Quadratseite übereinstimmt). Also ist die graue Fläche niemals größer als die orange Fläche. Es wird also zu der Quadratfläche nie mehr addiert als von ihr subtrahiert wird, woraus die Behauptung folgt.

Definieren, Ordnen und Beweisen | Merkzettel, Seite 60

Text: Definition; verallgemeinern
Beispiele: Rechteck (gilt auch fürs Quadrat); Trapez

Text: Voraussetzung; Behauptung
Beispiele: Wenn ein Dreieck zwei gleich große Winkel hat, dann ist es gleichschenklig.

Text: Gegenbeispiel; Beweis; Satz
Beispiele: falsch; Parallelogramm; wsw

Text: Umkehrung
Beispiele: Wenn ein Viereck zwei Symmetrieachsen hat, dann ist es ein Rechteck. Gegenbeispiel ist eine Raute.

Üben und Wiederholen | Training 3, Seite 61

1

a) $x^2 = 36$; $x_1 = 6$; $x_2 = -6$ b) $x^2 = 2$; $x_1 = \sqrt{2}$; $x_2 = -\sqrt{2}$
c) $x^2 = 25$; $x_1 = 5$; $x_2 = -5$ d) $x^2 = -1$; keine Lösungen
e) $x^2 = 1$; $x_1 = 1$; $x_2 = -1$ f) $x^2 = 0$; $x_1 = x_2 = 0$

2

b) $\frac{7}{11} \cdot \sqrt{11}$ c) $\sqrt{7}$ d) $\sqrt{11}$

3

a) 35 b) 39 c) 49 d) 72

4

siehe Tabelle 1

5

a) $V = 96\,cm^3$

b) $G = \frac{1}{2} \cdot 16\,m \cdot 4\,m = 32\,m^2$ $V = 32\,m^2 \cdot 24\,m = 768\,m^2$

c) $G = \frac{1}{2}(5\,dm + 2\,dm)\,7\,dm = 24{,}5\,dm^2$

$V = 24{,}5\,dm^2 \cdot 4\,dm = 98\,dm^3$

d) $G = 4\,cm \cdot 4\,cm = 16\,cm^2$ $V = 16\,cm^2 \cdot 4\,cm = 64\,cm^3$

Tabelle 1

·	(y − 4)	(4xy + x)	(2xy + 3y + 2)
(2y − 2)	$2y^2 - 10y + 8$	$8xy^2 - 6xy - 2x$	$4xy^2 + 6y^2 - 4xy - 2y - 4$
(5x + 3y)	$5xy - 20x + 3y^2 - 12y$	$20x^2y + 5x^2 + 12xy^2 + 3xy$	$10x^2y + 15xy + 10x + 6xy^2 + 9y^2 + 6y$

6

a)

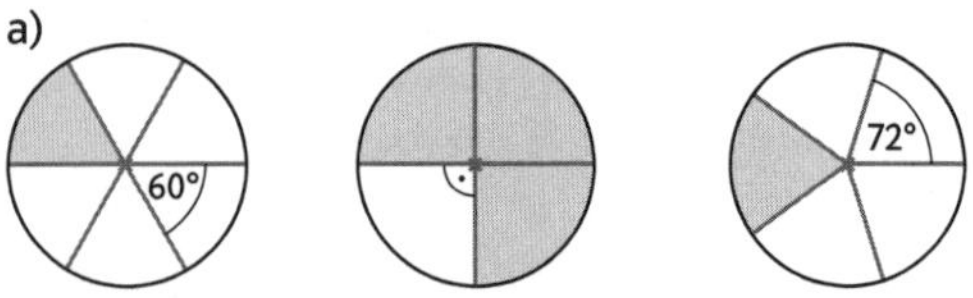

b) Bogenlängen: 2,1 cm; 9,4 cm; 2,5 cm
Flächeninhalte der Kreisausschnitte:
0,52 cm^2; 2,36 cm^2; 0,63 cm^2

Üben und Wiederholen | Training 3, Seite 62

7

a) Wahrscheinlichkeit für dreimal „G": $\frac{3}{6} \cdot \frac{2}{5} \cdot \frac{1}{4} = \frac{1}{20}$

Wahrscheinlichkeit für „GUT": $\frac{3}{6} \cdot \frac{2}{5} \cdot \frac{1}{4} = \frac{1}{20}$

b) Wahrscheinlichkeit für „GUT" mit Vertauschen: $6 \cdot \frac{1}{20} = \frac{3}{10}$

8

a) $\frac{1}{36}$

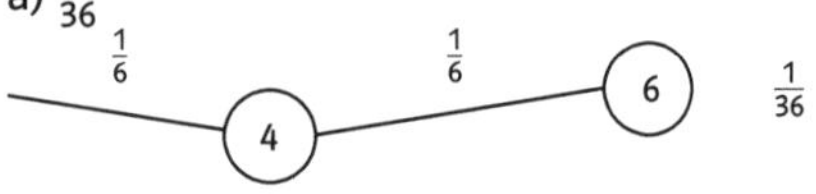

b) $\frac{1}{6}$

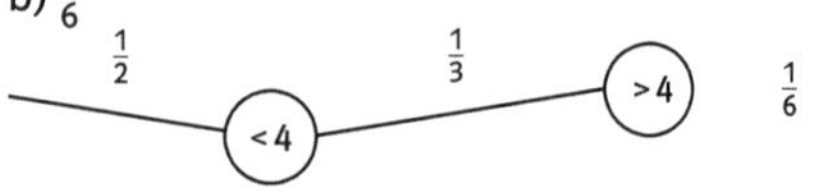

9

a) $\binom{8}{2} \cdot \left(\frac{1}{6}\right)^2 \cdot \left(\frac{5}{6}\right)^6 = 0{,}26$

b) $\binom{8}{6} \cdot \left(\frac{1}{6}\right)^6 \cdot \left(\frac{5}{6}\right)^2 = 0{,}000\,42$

c) $\left(\frac{4}{6}\right)^8 = 0{,}04$

d) $\left(\frac{2}{6}\right)^8 = 0{,}000\,15$

e) $\binom{8}{4} \cdot \left(\frac{2}{6}\right)^4 \cdot \left(\frac{4}{6}\right)^4 = 0{,}17$

10

Normalform; $y = -x^2 + 2x + 5$

11

Scheitelpunktform; $y = 0{,}5 \cdot (x + 0{,}5)^2 + 2 = 0{,}5x^2 + 0{,}5x + 2{,}125$

Üben und Wiederholen | Training 3, Seite 63

12

a) falsch; „Blei"-Stifte haben Graphitmine
b) falsch; Gegenbeispiel: Raute
c) richtig
d) falsch; Kerzen sind meist aus Paraffin;
Gegenbeispiel: Wachsmalstift
e) falsch, Gegenbeispiel: gleichschenkliges Trapez
f) richtig   g) richtig

13

a) Gerade   b) (0 | 0)
c) rechteckiger   d) vier gleich langen Seiten
e) zwei gleich langen Seiten oder zwei gleich großen Winkeln

14

a) wahr   b) falsch; Gegenbeispiel: 18, denn 18 : 4 = 4,5
c) wahr   d) wahr
e) falsch; Gegenbeispiel: vorher: $a_1 = 2\,cm$; $A_1 = 4\,cm^2$; nachher:
$a_2 = 1\,cm$; $A_2 = 1\,cm^2$

15

$\overline{AB} = \overline{CD}$
$\sphericalangle BAC = \sphericalangle DCA$
$\sphericalangle BQA = \sphericalangle CPD = 90°$ (Eigenschaft des Lots)
Die Dreiecke ABQ und CDP sind daher kongruent nach dem Kongruenzsatz wsw.
Also sind auch die Seiten $\overline{BQ}$ und $\overline{DP}$ gleich lang.

Beilage zum Arbeitsheft Lambacher Schweizer 8   **ISBN:** 978-3-12-734486-8
ISBN: 978-3-12-734485-1

Zeichnungen / Illustrationen: media office gmbh, Kornwestheim
Satz: media office gmbh, Kornwestheim

1 In einer Urne liegen 10 Kugeln. Es sind 2 schwarze, 4 weiße, 2 gelbe und der Rest ist blau. Dreimal wird gezogen, die Kugeln werden zurückgelegt. Auf den Zetteln stehen Ereignisse, zu einigen findest du das zugehörige Gegenereignis auf einem weiteren Zettel. Kennzeichne die Paare jeweils in der gleichen Farbe.

- Mindestens eine blaue Kugel wird gezogen.
- Beim ersten Zug wird keine gelbe Kugel gezogen.
- Es werden nur weiße und schwarze Kugeln gezogen.
- Es werden keine grüne oder mindestens eine schwarze Kugel gezogen.
- Keine gelbe Kugel wird gezogen.
- Es werden nur weiße und gelbe Kugeln gezogen.
- Nur blaue Kugeln werden gezogen.
- Es wird mindestens eine gelbe Kugel gezogen.
- Es werden nur gelbe und blaue Kugeln gezogen.
- Keine blaue Kugel wird gezogen.
- Nur gelbe Kugeln werden gezogen.
- Es werden nur gelbe und schwarze Kugeln gezogen.
- Keine schwarze und mindestens eine grüne Kugel werden gezogen.
- Zwei grüne und keine schwarze Kugel werden gezogen.

2 Beim Siebenmeterwurf im Handball trifft Charlie das Tor mit einer Wahrscheinlichkeit von 90%. Er wirft dreimal hintereinander. Wie groß ist die Wahrscheinlichkeit, dass er mindestens einmal trifft?

Wie heißt das Gegenereignis? ______________________

Arbeite damit und zeichne den passenden Baum.

T = Treffer
K = Kein Treffer

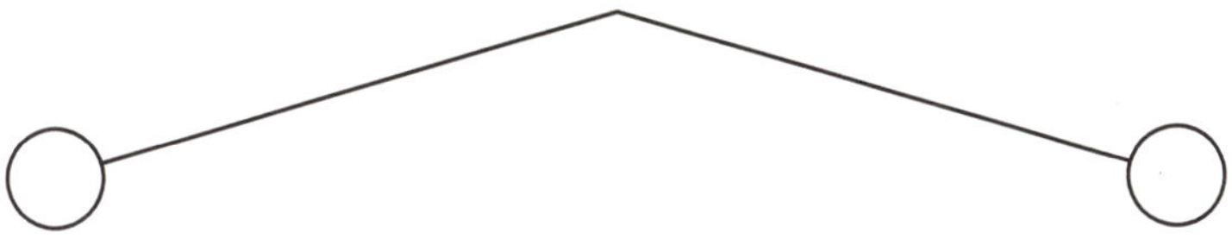

Die Wahrscheinlichkeit, dass er mindestens einmal trifft, beträgt ______________________.

3 Der Würfel mit diesem Netz wird zweimal geworfen. Wie groß ist die Wahrscheinlichkeit dafür,

a) zweimal Orange zu würfeln? ______________________

b) mindestens einmal Weiß zu würfeln? ______________________

c) Grau beim zweiten Mal zu würfeln? ______________________

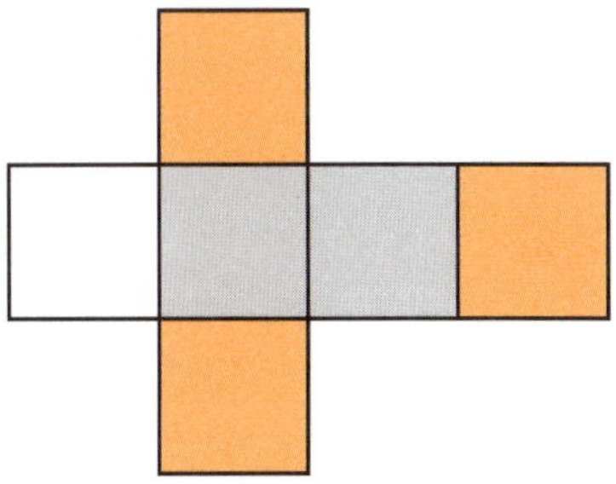

4 In einer Urne befinden sich 24 Kugeln. Die Hälfte der Kugeln ist gelb. Außerdem sind noch weiße und rote Kugeln enthalten. Es sind vier rote Kugeln mehr als weiße Kugeln.

a) Es befinden sich ________ weiße Kugeln, ________ rote und ________ gelbe Kugeln in der Urne.

b) Die Wahrscheinlichkeit, eine rote Kugel zu ziehen, nachdem bereits eine rote Kugel gezogen und nicht zurückgelegt worden ist, beträgt ______________.

c) Es wurden bereits alle weißen Kugeln gezogen. Wie groß ist die Wahrscheinlichkeit, bei den nächsten zwei Zügen keine rote Kugel zu ziehen? ______________________

1 Es wird dreimal eine 1-Euro-Münze geworfen. Wie groß ist die Wahrscheinlichkeit für genau zweimal Kopf? Löse diese Aufgabe mithilfe des Baumdiagramms.

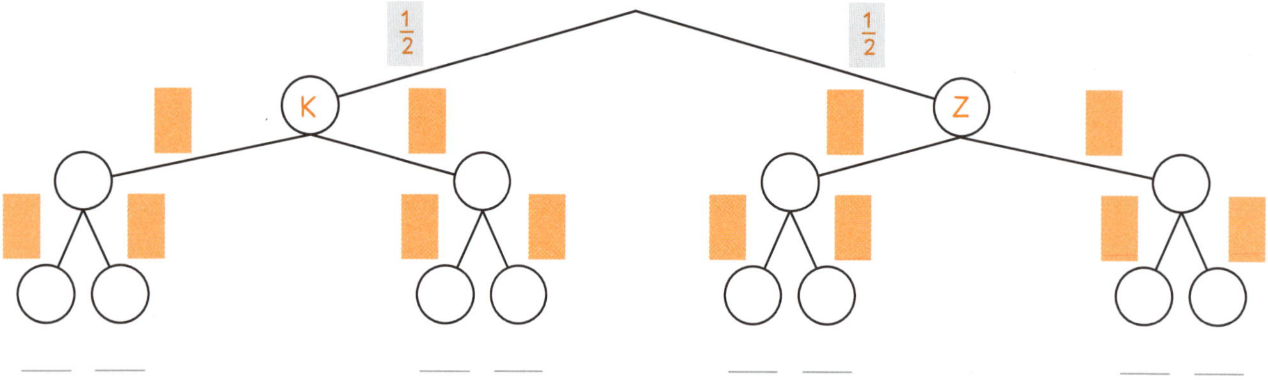

Die Wahrscheinlichkeit, bei drei Würfen genau zweimal Kopf zu erhalten, beträgt ______________.
Markiere im Baum die Äste, die zur Lösung der Aufgabe benötigt werden.

2 In einer Urne befinden sich zehn Kugeln mit den Ziffern von 0 bis 9. Zeichne nur die Pfade, die für die Lösung der Teilaufgabe nötig sind.

a) Die Kugeln werden nach dem Ziehen zurückgelegt. Wie groß ist die Wahrscheinlichkeit, die Folge 3–4–5 zu ziehen?

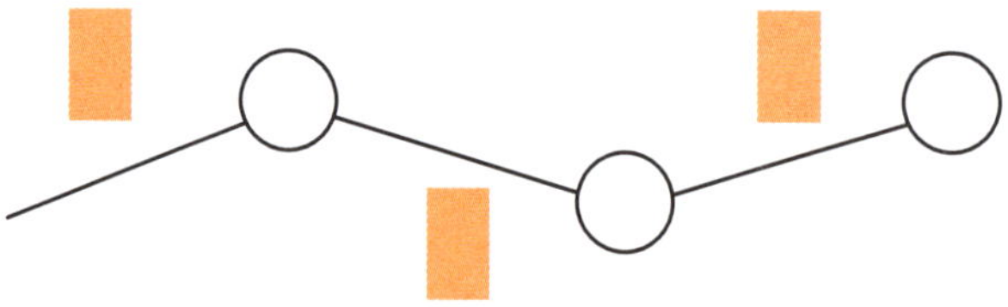

____

Wie viele Pfade hat der vollständige Baum? ______

b) Die Kugeln werden nicht zurückgelegt. Wie groß ist jetzt die Wahrscheinlichkeit, die 3–4–5 zu ziehen?

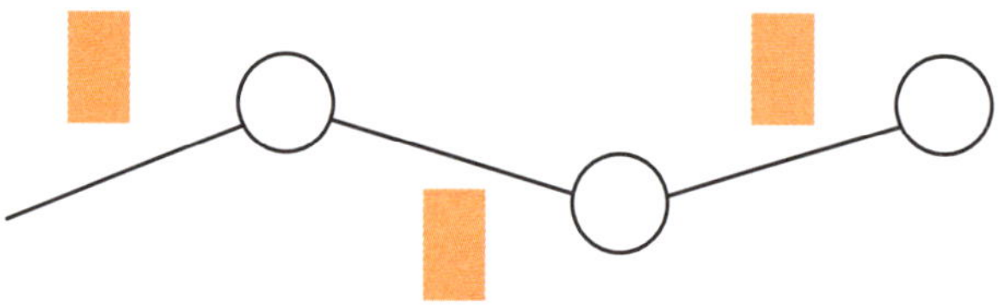

____

Wie viele Pfade hat der vollständige Baum? ______

3 In einem Karton liegen fünf Jonglierbälle (drei orange und zwei weiße). Du nimmst dir drei heraus. Zeichne das Baumdiagramm weiter. Bestimme die Wahrscheinlichkeiten der gezogenen Jongliersets.

1. Zug

2. Zug

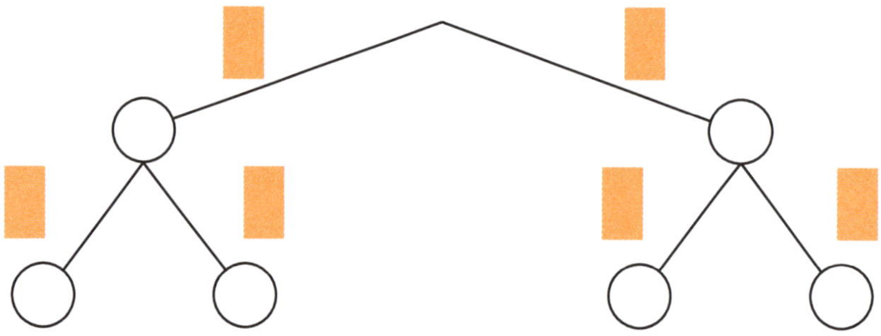

3. Zug

a)  ______________

b) 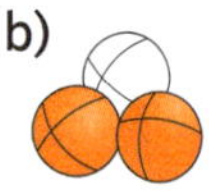 ______________

c)  ______________

1 Betrachte das Baumdiagramm. Die Wahrscheinlichkeit, dass der Reißnagel nach dem Werfen auf dem Kopf liegen bleibt, beträgt 60 %, dass er schräg liegen bleibt, entsprechend 40 %.

a) Bestimme die Wahrscheinlichkeiten für die acht Pfade.

b) Die Summe aller Wahrscheinlichkeiten beträgt

______________________.

c) Wie groß ist die Wahrscheinlichkeit für genau zweimal Schräglage?

______________________.

d) Wie groß ist die Wahrscheinlichkeit für höchstens zweimal Kopflage?

______________________.

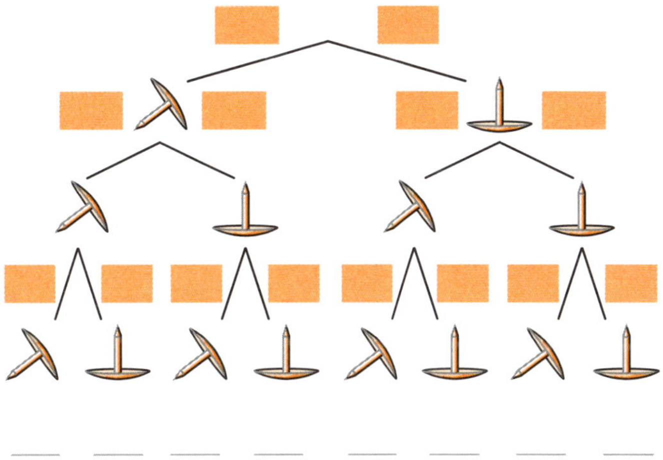

2 Das Glücksrad wird zweimal gedreht.

a) Male die Felder passend aus. Zwei Felder sind rot, fünf sind grün, ein Sechstel ist weiß und der Rest ist blau.

b) Fülle das Baumdiagramm für die Farben Rot und Blau aus und berechne für die einzelnen Pfade die Wahrscheinlichkeit.

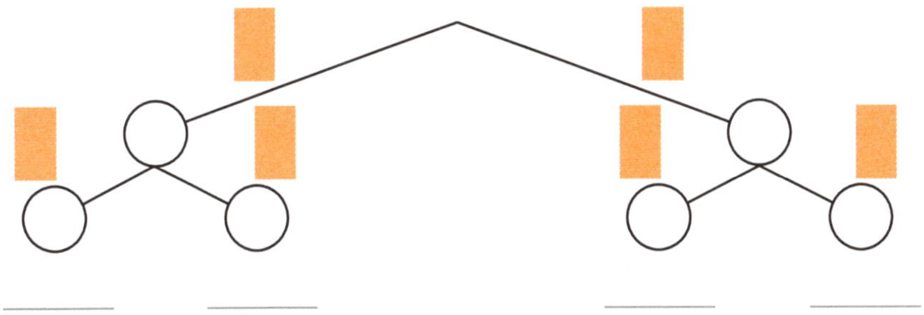

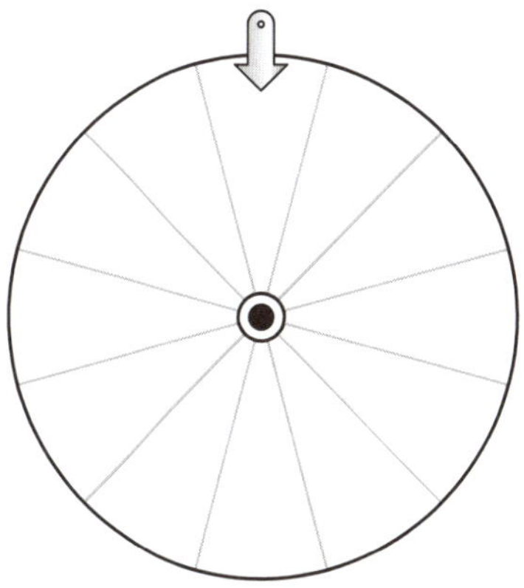

c) Wie groß ist die Wahrscheinlichkeit für:

erst Blau, dann Rot? ______________________

erst Rot, dann Blau? ______________________

zweimal Rot? ______________________

3 Zusammengesetzte Wörter.

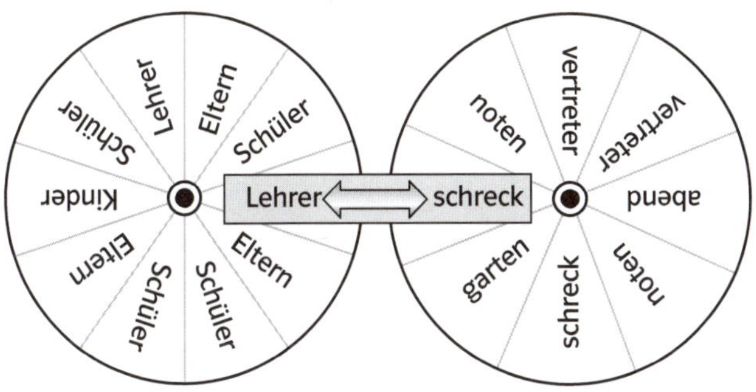

a) Bilde verschiedene mögliche Wörter.

Lehrerschreck, ______________________

____

____

b) Wie groß ist die Wahrscheinlichkeit, die folgenden Wörter zu drehen?

Elternabend: __________; Kinderschreck: __________

Schülernoten: __________; Schülergarten: __________

c) Die größte Wahrscheinlichkeit hat das Wort

______________________.

1 a) Der Binomialkoeffizient $\binom{4}{2}$ gibt an, wie viele Pfade bei einer vierfachen Versuchswiederholung genau zwei Treffer beinhalten.
Schreibe sämtliche Pfade in der angegebenen Form auf (T = Treffer; N = Niete).
TTNN, TNTN, ______

b) Verfahre genauso bei dem Binomialkoeffizienten $\binom{5}{2}$. ______

______

2 Lies aus dem pascalschen Dreieck die sogenannten „Binomialkoeffizienten" $\binom{n}{k}$ ab.

a) $\binom{5}{1}$ = ______ b) $\binom{6}{2}$ = ______ c) $\binom{7}{3}$ = ______

d) $\binom{7}{4}$ = ______ e) $\binom{8}{8}$ = ______ f) $\binom{6}{7}$ = ______

g) $\binom{10}{5}$ = ______ h) $\binom{9}{7}$ = ______ i) $\binom{12}{0}$ = ______

1
1 1
1 2 1
1 3 3 1
1 4 6 4 1
1 5 10 10 5 1
1 6 15 20 15 6 1
1 7 21 35 35 21 7 1
1 8 28 56 70 56 28 8 1
1 9 36 84 126 126 84 36 9 1
1 10 45 120 210 252 210 120 45 10 1

3 Bei Fifty-fifty-Experimenten (zum Beispiel beim Münzwurf) haben Treffer und Niete dieselbe Wahrscheinlichkeit, nämlich ______. Jeder Pfad bei fünfmaliger Versuchswiederholung hat dann die Wahrscheinlichkeit ______.

Die Wahrscheinlichkeit für genau k Treffer in fünf Versuchen berechnet sich dann so: $\binom{5}{k} \cdot \square^5$

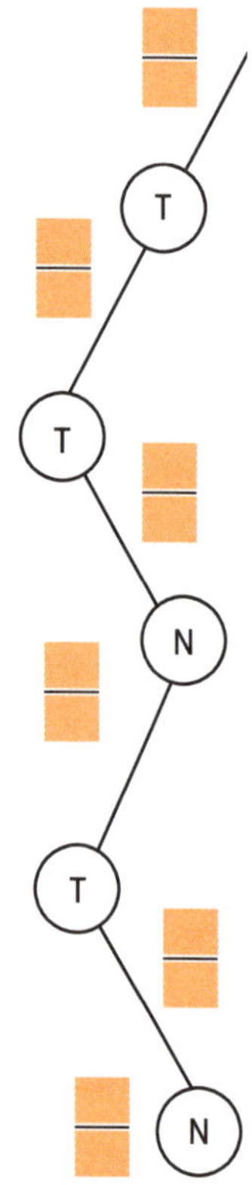

a) Berechne mit dieser Formel die zugehörige Wahrscheinlichkeitsverteilung.

k: Anzahl der Treffer	0	1	2	3	4	5
Wahrscheinlichkeit	0,03125					

b) Zeichne zu dieser Wahrscheinlichkeit das Säulendiagramm.

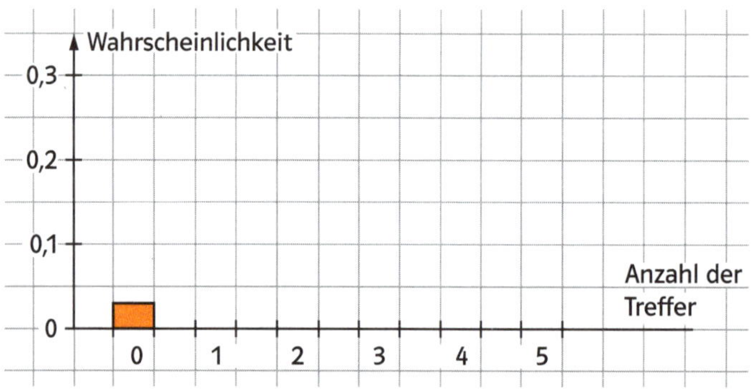

4 Von zwei von außen gleichen Würfeln weißt du, dass einer „gezinkt" ist, er würfelt die Sechs mit einer Wahrscheinlichkeit von 0,25.
Der andere Würfel ist „echt", bei ihm sind alle Ergebnisse gleich wahrscheinlich.
Du wählst einen von beiden aus und würfelst siebenmal mit folgendem Ergebnis:
TNNTNNT (T = Treffer [„Sechs"]; N = Niete [keine „Sechs"]).

Die Wahrscheinlichkeit für genau drei Treffer beträgt für den

- gezinkten Würfel: $\binom{7}{3} \cdot$ ______ ≈ ______
- echten Würfel: $\binom{7}{3} \cdot$ ______ ≈ ______

Nach diesen Berechnungen müsste es sich um den ______ Würfel handeln.

Pascalsches Dreieck und Wahrscheinlichkeiten (2)

1 Für Binomialverteilungen benutzt man die Formel $B(n; p; k) = \binom{n}{k} p^k (1-p)^{n-k}$.
Hierbei werden folgende Abkürzungen verwendet:

Trefferwahrscheinlichkeit: ______, Anzahl der Versuchsdurchführungen: ______, Anzahl der Treffer: ______

Schreibe mithilfe dieser Formel und berechne wie im Beispiel.

a) bei fünffachem Münzwurf genau zweimal Wappen: $\binom{5}{2} 0{,}5^2 \cdot 0{,}5^3$ B(5; 0,5; 2) = 0,3125

b)  bei viermaligem Würfeln genau dreimal eine Sechs: ______

c)  bei zehnmaligem Drehen genau dreimal Orange: ______

d) bei fünfmaligem Drehen genau viermal Grau: ______

e) 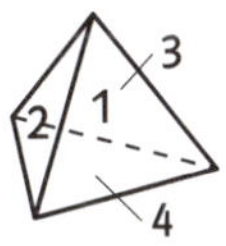

bei neunmaligem Würfeln genau einmal die Eins: ______

f) bei sechsmaligem Würfeln genau dreimal die Vier: ______

2 In einem Test werden Saftexperten geprüft. Zwei Gläser werden mit einem Saft der Sorte A gefüllt, ein weiteres Glas mit einem Saft der Sorte B. Ein Kandidat soll das Glas mit dem Saft der Sorte B finden. Der Kandidat gilt als Experte, wenn er in mindestens sieben von zehn Durchführungen richtig tippt.

Binomialverteilung für $p = 0{,}5$:

k	0	1	2	3	4	5	6	7	8	9	10
B(10; 0,5; k)	0,00	0,01	0,04	0,12	0,21	0,25	0,21	0,12	0,04	0,01	0,00

Die aufsummierten Wahrscheinlichkeiten ergeben wegen der gerundeten Einzelwerte nicht immer genau 1.

Binomialverteilung für $p = 0{,}8$:

k	0	1	2	3	4	5	6	7	8	9	10
B(10; 0,8; k)	0,00	0,00	0,00	0,00	0,01	0,03	0,09	0,20	0,30	0,27	0,11

a) Mit welcher Wahrscheinlichkeit besteht ein Laie den Test mit purem Glück?

0,12 + ______ = ______ %

b) Mit welcher Wahrscheinlichkeit fällt ein echter Experte (langjährige Trefferquote von 80 %) durch den Test?

______ = ______ %

3 Die Gewinnwahrscheinlichkeit bei einer Tombola beträgt 10 %. Tabea und Tessa haben jeweils schon 50-mal das Glücksrad gedreht. In der Tabelle ist die Binomialverteilung für einige Trefferzahlen k aufgelistet (alle weiteren Werte für k sind vernachlässigbar).

k	0	1	2	3	4	5	6	7	8	9	10	11	12	13
B(50; 0,1; k)	0,01	0,03	0,08	0,14	0,18	0,18	0,15	0,11	0,06	0,03	0,02	0,01	0,00	0,00

a) Tabea hat erst zwei Gewinne erzielt und fühlt sich vom Pech verfolgt. Die Wahrscheinlichkeit, dass man bei 50-maligem Drehen höchstens zwei Gewinne erzielt, beträgt 0,01 + ______ = ______.

b) Tessa hat schon acht Gewinne erzielt und meint, sie habe eine besondere Begabung.

Die Wahrscheinlichkeit für acht oder mehr Gewinne beträgt ______ = ______.

c) Die Ergebnisse von Tessa und Tabea zeigen, dass man durchaus viel öfter oder auch viel seltener gewinnen kann, als die durch die 10 %ige Gewinnwahrscheinlichkeit erwartete Anzahl von ______ Gewinnen.

Fülle die Lücken. Für jeden Buchstaben findest du einen Strich. Löse dann die Beispielaufgaben.

Pfadregel

_ _ _ _ _ _ _ _ _ _ _ _ _ _ helfen, mehrstufige Zufallsexperimente zu beschreiben. Um die Wahrscheinlichkeit eines Ergebnisses zu erhalten, multipliziert man die

_ _

längs des dazugehörigen Pfades.

- Beim zweimaligen Werfen eines Reißnagels ergibt sich folgendes Baumdiagramm. Ergänze. (K = Kopf, S = Seite)

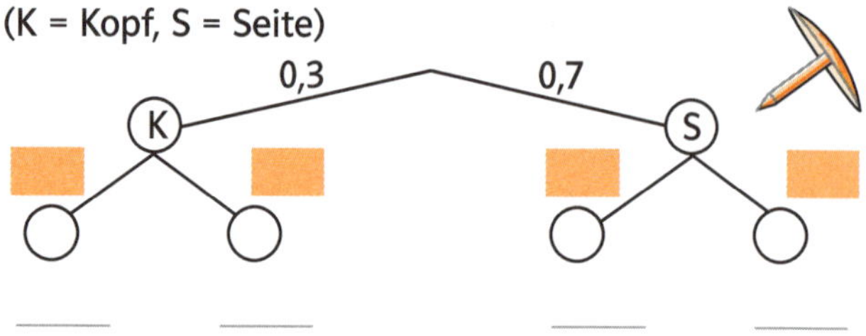

______ ______ ______ ______

Summenregel

Mehrere _ _ _ _ _ _ _ _ _ _ _ (Pfade) werden zu einem Ereignis zusammengefasst. Die Wahrscheinlichkeit dieses Ereignisses erhält man, indem man die Wahrscheinlichkeit aller zugehöriger

_ _ _ _ _ _ _ _ _ _ _ addiert.

- Bestimme die Wahrscheinlichkeit, ein weißes oder ein oranges Feld zu drehen.

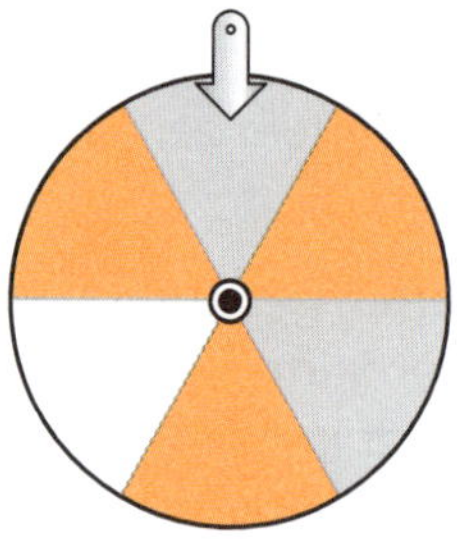

$W_{Weiß}$ = ____

W_{Orange} = ____

$W_{W\ oder\ O}$

= ____ + ____ = ____

Wahrscheinlichkeit des Gegenereignisses

Wenn die Wahrscheinlichkeit eines

_ _ _ _ _ _ _ _ _ _ _ _ den Wert p hat, besitzt das Gegenereignis die Wahrscheinlichkeit $q = 1 - p$.

- Wie groß ist die Wahrscheinlichkeit, keine Sechs zu würfeln?

Ereignis: ____________ Gegenereignis: ________

Wahrscheinlichkeitsverteilung

Wenn man die Wahrscheinlichkeiten für alle Ergebnisse eines Zufallsexperiments übersichtlich in einer Tabelle darstellt, nennt man dies

Wahrscheinlichkeits _ _ _ _ _ _ _ _ _ _ _.

Die Summe aller Wahrscheinlichkeiten bei einem Zufallsversuch ist _ (= _____%).

- Würfeln mit einem sechsseitigen Würfel

Augenzahl	Wahrscheinlichkeit
2	
4 oder 6	
1, 3 oder 5	
Summe	

Binomialkoeffizienten und Binomialverteilung

Ein Zufallsversuch mit zwei möglichen Ergebnissen (Treffer, Niete) wird n-mal durchgeführt. $\binom{n}{k}$ gibt die Anzahl der Pfade an, die genau k Treffer enthalten. Dieser Binomialkoeffizient steht im pascalschen

Dreieck in der ____ten Zeile und ____ten Spalte.

Ändert sich die Trefferwahrscheinlichkeit p während der Durchführungen nicht, kann die Wahrscheinlichkeit für genau k Treffer berechnet werden.

$B(n, p, k) = \binom{n}{k} \cdot$ ____ $\cdot$ ____, wobei $q = 1 - p$

Schreibt man für 1, …, n Treffer deren Wahrscheinlichkeiten auf (ihre Summe ist 1), erhält man die Binomialverteilung.

- Fülle die Lücken im pascalschen Dreieck.

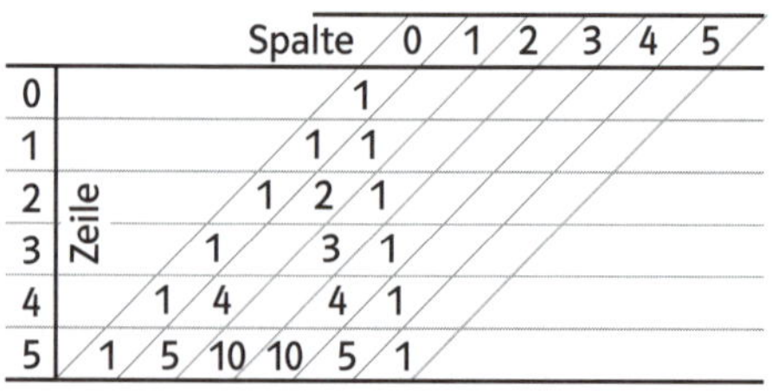

$\binom{4}{3}$ = ____ Pfade führen zu 3 ________ in 4 ________.

- Bestimme die Wahrscheinlichkeit für genau 34 Treffer, wenn 50 Versuche durchgeführt werden und die Trefferwahrscheinlichkeit 0,8 ist.

B(____, ____, ____) = ______________ = ________

1 Welcher Graph stellt eine Funktion dar? Kreise die Buchstaben der Funktionsgraphen ein.

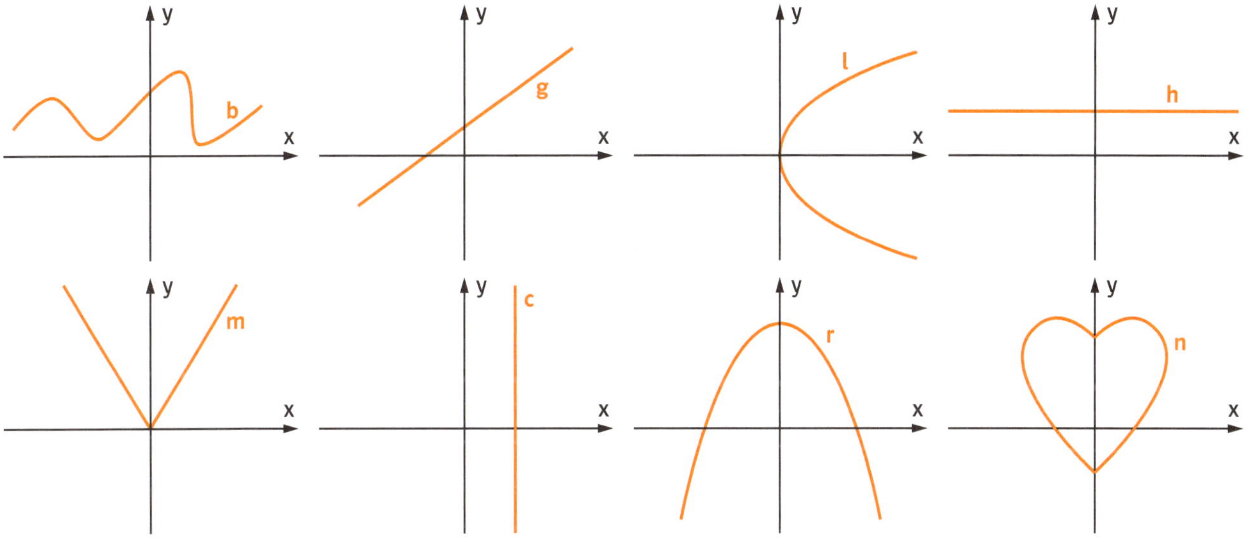

Die Buchstaben der Funktionsgraphen ergeben – umsortiert und mit zwei Vokalen ergänzt – eine deutsche Großstadt: ______________________

2 An einem Augusttag zeigt das Thermometer um 8 Uhr 16 °C. Um 12 Uhr sind es schon 19 °C. Nach einem starken Regen hat es sich zwei Stunden später auf 17 °C abgekühlt. Abends um 18 Uhr sind es bei Sonnenschein 26 °C.

a) Skizziere in das Koordinatensystem einen möglichen Graphen der Zuordnung

Uhrzeit → ______________ .

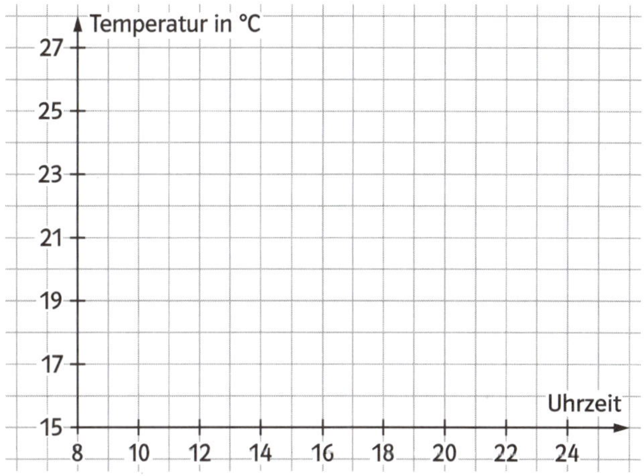

b) Die Zuordnung ist eine Funktion, weil jeder

______________ immer genau eine

______________ zugeordnet wird.

Die Zuordnung ist eindeutig.

c) Betrachte nun die umgekehrte Zuordnung Temperatur → Uhrzeit. Diese Zuordnung ist nicht

______________ , denn der Temperatur 17 °C sind ______ Uhr und etwa ______ Uhr zugeordnet.

3 Ist die Zuordnung eine Funktion?

Zuordnung	Funktion?	
	ja	nein
a) Klassenlehrer → Schuhgröße	○	○
b) Schuhgröße → Lehrer	○	○
c) Auto → Autokennzeichen	○	○
d) Autokennzeichen → Auto	○	○
e) Körpergewicht → Körpergröße	○	○
f) Körpergröße → Schuhgröße	○	○

4 Ergänze die Zuordnungsvorschrift so, dass es

a) sich um eine Funktion handelt.

Schüler → ______________________

______________________ → Flächeninhalt

b) sich nicht um eine Funktion handelt.

Schüler → ______________________

______________________ → Flächeninhalt

1 Kreuze an, ob ein proportionaler oder linearer Zusammenhang besteht.

Eingabegröße	Ausgabegröße	prop.	lin.
Seemeilen	Kilometer	○	○
°Celsius	°Fahrenheit	○	○
Drahtlänge	Drahtgewicht	○	○
Länge des Kabels auf einer Kabeltrommel	Gesamtgewicht der Kabeltrommel	○	○

3 Zeichne die Gerade durch die angegebenen Punkte und gib die Funktionsgleichung an.

a) A(−6 | −2) B(1 | 5) y = ____

b) C(−7 | −1) D(7 | −4) y = ____

c) E(−4 | 4) F(6 | −1) y = ____

d) G(−2 | −8) H(6 | 4) y = ____

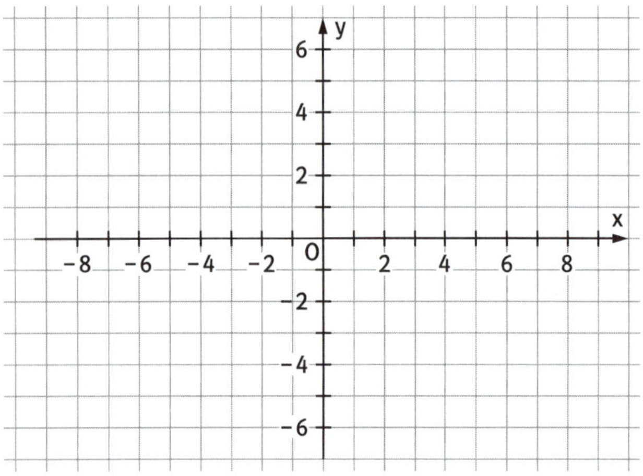

2 a) Bestimme die Funktionsgleichung der Geraden g. g(x) = ____

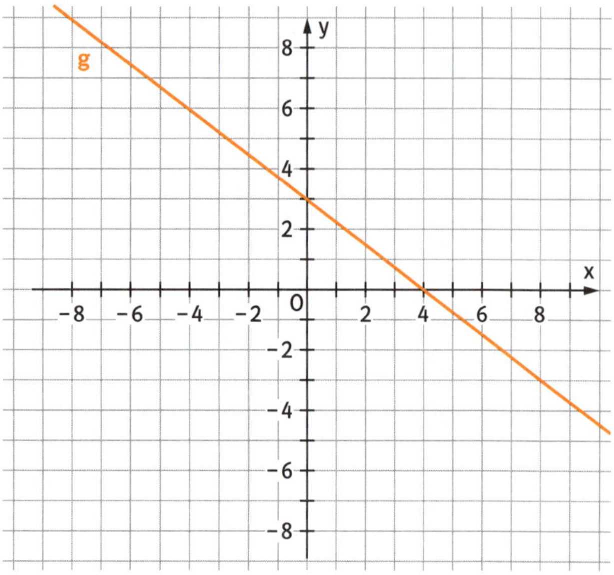

b) Zeichne durch die Punkte P(6 | −8) und Q(3 | 4) die zu g parallelen Geraden h und k ein. Gib deren Funktionsgleichung an.

h(x) = ____ k(x) = ____

c) Zeichne die zu h senkrechte Gerade s ein, die die x-Achse an derselben Stelle schneidet wie die Gerade h, und gib die Funktionsgleichung an.

s(x) = ____

d) Zeichne die zu k senkrechte Gerade r ein, die die y-Achse an derselben Stelle schneidet wie die Gerade s. Die Funktionsgleichung lautet

r(x) = ____ .

4 Ordne den Texten die richtige Funktionsgleichung zu.

a) Der Eintritt zum Festzelt kostet pro Person 4,50 € und jedes Getränk 1,50 €.

y = 132 + 0,0458 x ____

y = 0,458 x + 132 ____

y = 1,5 x + 4,5 ____

b) Für die Anfahrt des Taxis werden 5,40 € berechnet und für jeden gefahrenen Kilometer fallen nochmals 150 ct an.

y = 4,5 x + 1,5 ____

y = 9,9 x + 9,99 ____

y = 15 x + 5,40 ____

y = 0,099 x + 9,99 ____

c) Der monatliche Grundpreis beträgt 9,99 € und jede begonnene Gesprächsminute kostet 9,9 ct.

y = 150 x + 540 ____

d) Der Gas-Arbeitspreis beträgt pro Kilowattstunde (kWh) 4,58 ct, zudem beträgt die jährliche Grundgebühr 132 €.

1 Leon, der Sohn der Familie Ochs, will für den Umzug in seine erste eigene Wohnung einen Kleintransporter ausleihen. Für den Kleintransporter wird eine Grundgebühr von ________ € pro Tag verlangt sowie pro gefahrenem Kilometer nochmals ________ €.

LEIHGEBÜHREN:
- Kleintransporter pro Tag: 60,– €
- Kosten pro km: 0,20 €
- Anhänger pro Tag: 40,– €

a) Die Funktion zur Berechnung der Kosten in Abhängigkeit der gefahrenen Kilometer lautet:

y = ________________________ .

b) Berechne und fülle die Tabelle aus.

Strecke in km	0	100	250	300	400
Kosten in €	60				

c) Zeichne den Graphen dieser linearen Funktion in das Koordinatensystem ein.

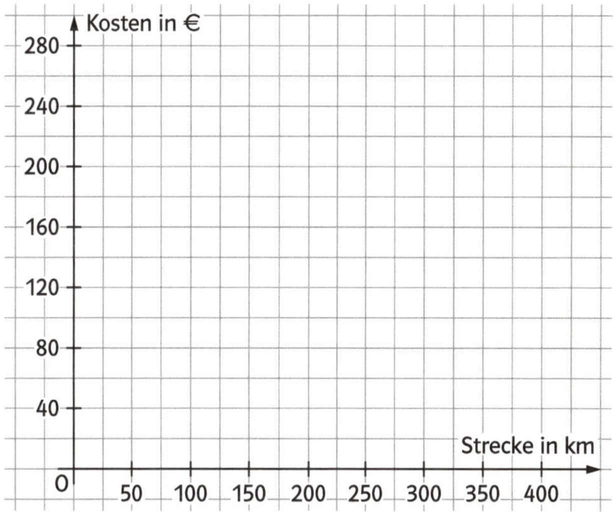

d) Da Leon zweimal fahren muss, um alles in die neue Wohnung zu bringen, betragen die Leihkosten für die Strecke von 270 km insgesamt ________ €.

e) Leon überlegt nun, ob er zu dem Kleintransporter noch einen Anhänger leihen sollte, da er dann die Strecke nur einmal fahren müsste. Für einen Anhänger wird eine Gebühr von ________ € pro Tag erhoben.
Die neue Funktion zur Berechnung der Kosten in Abhängigkeit der gefahrenen Kilometer lautet

y = ________________________ .

f) Berechne und fülle die Tabelle für diese neue lineare Zuordnung aus.

Strecke in km	0	100	200	350	400
Kosten in €	100				

g) Zeichne das Schaubild dieser neuen linearen Zuordnung in das Koordinatensystem ein.

h) Der Graph der neuen Funktion ist ein um ______ in y-Richtung ________________ Graph der alten Funktion.

i) Wenn Leon mit einem Anhänger nur einmal fahren muss, um alles in seine neue Wohnung zu bringen, betragen die Leihkosten für die Strecke von __________ km insgesamt ____________ €.

j) Kreuze an. Der Umzug mit einem Anhänger ist für Leon finanziell die ☐ schlechtere ☐ bessere Alternative.

k) Leon spart durch die Benutzung des Anhängers auch die Spritkosten für eine Tour. Diese Ersparnis beträgt bei einem Verbrauch von 12 l Diesel pro 100 km und einem Preis von 1,35 € pro Liter ________ €.

l) Nun wäre für Leon der Umzug mit einem Anhänger die finanziell ☐ schlechtere ☐ bessere Alternative.

m) Bei gleicher Grundgebühr und einer Kostenpauschale von 10 ct pro Kilometer wäre der Umzug mit einem Anhänger für Leon finanziell die ☐ schlechtere ☐ bessere Alternative.

n) Durch die Benutzung eines Anhängers spart Leon drei Stunden Fahrt, in denen er bereits seine Wohnung einrichten kann.
Unter Einbeziehung des Zeitfaktors ist es mit Anhänger die ☐ schlechtere ☐ bessere Alternative.

1 Gib die Geradengleichung an, die die Zahlenpaare P und Q als Lösung haben.

a) P(4 | 1) Q(7 | −2)

$m = \frac{(-2) - 1}{7 - 4} = \frac{-3}{3} = -1$

1 = −1 · 4 + n = n = ______

y = ______

b) P(1,5 | 4) Q(−4 | 3)

m = $\frac{\square - \square}{\square - \square}$ = ______ = ______

______ = ______ + n n = ______

y = ______

c) P$\left(\frac{1}{4} \middle| -1\right)$ Q$\left(0 \middle| -\frac{6}{5}\right)$

m = $\frac{\square - \square}{\square - \square}$ = ______ = ______

______ = ______ + n n = ______

y = ______

d) P(−0,9 | 6) Q$\left(\frac{2}{5} \middle| 2\right)$

m = $\frac{\square - \square}{\square - \square}$ = ______ = ______

______ = ______ + n n = ______

y = ______

2 Die Tabelle gehört zu einer linearen Funktion. Ergänze die Lücken und gib die Funktionsvorschrift an.

x	−2	−1	0		3	4
f(x)	7	5		1		

a: x → ______

x		−1	0	1	4	
f(x)	−19			9	30	33,5

b: x → ______

x	−5		0		2	
f(x)		−5,8	−4	−3,4	−2,8	−0,4

c: x → ______

x	−4	−2	−1	0	1	4
f(x)			$-4\frac{2}{3}$		$-5\frac{1}{3}$	

d: x → ______

3 Bestimme die Funktionsgleichungen der Geraden A bis F.

A: y = ______ B: y = ______

C: y = ______ D: y = ______

E: y = ______ F: y = ______

G: y = ______ H: y = ______

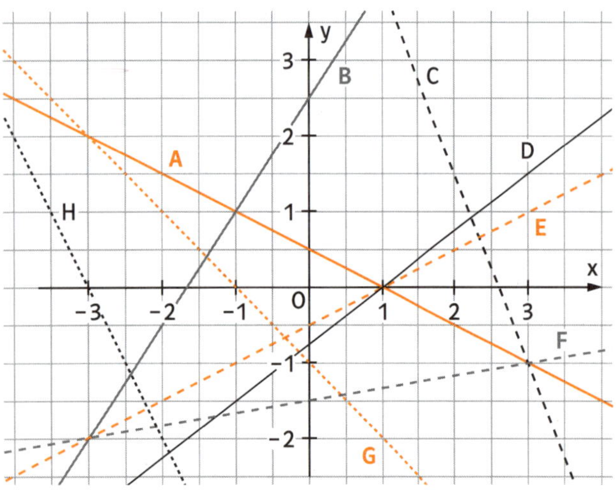

4 Wegen einer notwendigen Reparatur muss der zu 60 % befüllte Feuerwehrtankwagen (Gesamtladevolumen: 16 000 l) entleert werden. In einer Viertelstunde laufen 6000 l ab. Nach welcher Zeit ist der Tank leer?

a) Der Wagen ist momentan mit ______ l gefüllt.

b) In einer Minute laufen ______ l Wasser ab.

c) Zeichne den Graphen f: Zeitdauer x → Volumen y. Die Funktionsgleichung lautet:

f(x) = ______

d) Nach 15 Minuten sind noch ______ l im Tankwagen.

e) Bei einem Füllstand von 6400 l waren ______ Minuten um.

f) Nach ______ Minuten war der Tankwagen leer.

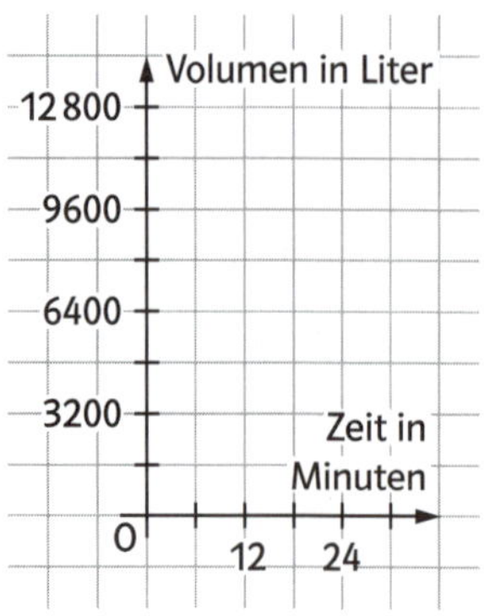

1 Zeichne den Graphen der Funktion in das Koordinatensystem.

a) $y = x^2$ b) $y = 2x^2$

c) $y = \frac{1}{4}x^2$ d) $y = -2x^2$

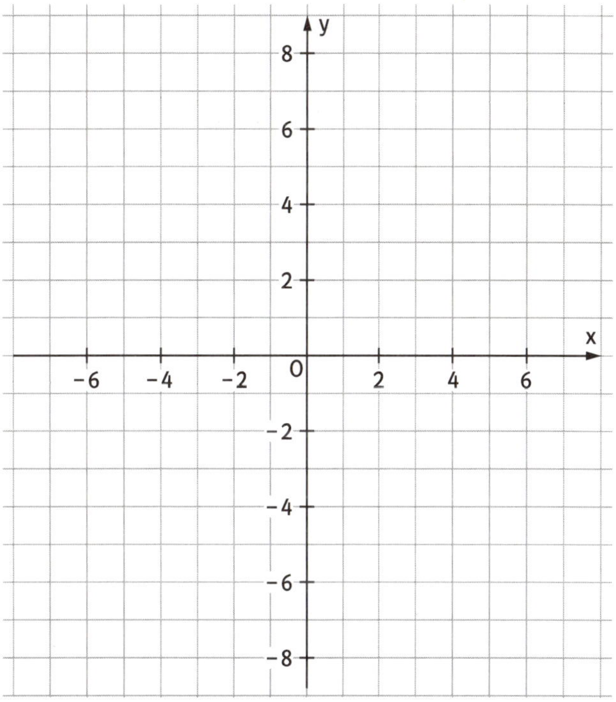

2 Vergleiche die Graphen aus Aufgabe 1.

Im Vergleich zur Normalparabel a) sind bei b) alle Funktionswerte ____________ so groß, bei c) sind sie um den Faktor ____________ kleiner.

Die beiden Parabeln b) und d) haben die gleiche Form und den gleichen ________________.

Die Funktionsgleichungen sind fast gleich.

Die Parabel d) ist nach ____________ geöffnet.

Ihre Funktionsgleichung unterscheidet sich von b) nur im ________________.

3 Gib die zugehörige Funktionsgleichung an.

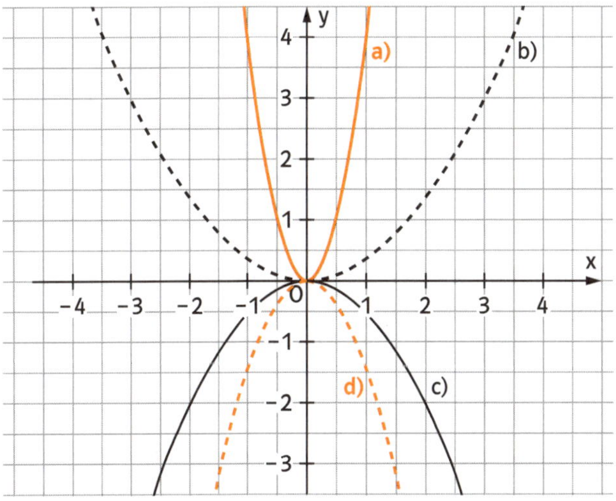

a) y = ____________

b) y = ____________

c) y = ____________

d) y = ____________

4 Die Punkte liegen auf der Parabel mit der Funktionsgleichung $y = \frac{4}{3}x^2$. Bestimme die fehlenden Koordinaten.

P(−6 | ______) Q(______ | $21\frac{1}{3}$) R(0,5 | ______)

S(______ | 108) T(−2,5 | ______) U(______ | 300)

5 Kreise die Punkte ein, die auf der Parabel liegen.

a) $y = 1{,}5x^2$

A(2 | 6) B(4 | 20) C(−3 | 13,5) D($\frac{2}{3}$ | $\frac{2}{3}$)

b) $y = -4x^2$

A(11 | −484) B($\sqrt{5}$ | −20) C(0,5 | $-\sqrt{2}$) D($-\frac{1}{4}$ | $\frac{1}{4}$)

6 Die Parabel einer rein quadratischen Funktion verläuft durch den angegebenen Punkt. Gib die zugehörige Funktionsgleichung an.

a) P(−1 | −4); y = ____________ b) Q(1 | 5,5); y = ____________

c) R(3 | 18); y = ____________ d) S(−2 | 10); y = ____________

Rein quadratische Funktionen werden auch spezielle quadratische Funktionen genannt.

1 Berechne zuerst die Funktionswerte. Dann lässt sich der Graph leichter zeichnen.

	$x = 0$	$x = \frac{1}{2}$	$x = 1$	$x = 2$
a) $y = x^2$				
b) $y = 0{,}5x^2$				
c) $y = x^3$				
d) $y = -x^3$				

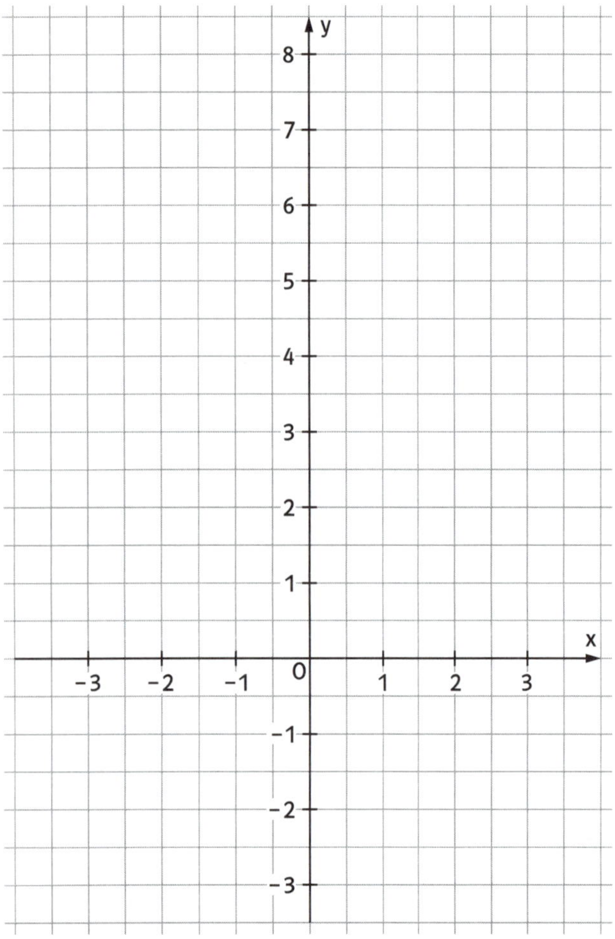

2 In Aufgabe 1 hast du Graphen von Potenzfunktionen 2. und 3. Grades gezeichnet. Für x-Werte zwischen 0 und 1 verläuft der Graph von

$y = x^3$ ______________ dem von $y = x^2$. Beide Graphen gehen durch die Punkte S(0 | ______) und T(______ | ______). Für x-Werte größer 1 verläuft der Graph von $y = x^3$ jedoch ______________ dem von $y = x^2$, die Funktionswerte von $y = x^3$ sind also in diesem Bereich stets größer als die von y = ______.

Die Funktionswerte von $y = 0{,}5x^2$ sind immer halb so groß wie die von ____________. Die beiden Graphen haben nur den Punkt P(______ | ______) gemeinsam.

Der Graph von $y = 0{,}5x^2$ verläuft durch den Punkt Q(1 | ______), und der Graph von $y = -x^3$ verläuft durch R(1 | ______), daher lässt sich am Funktionswert von 1 der Faktor a der Funktionsgleichung $y = a \cdot x^n$ leicht ablesen.

Wenn man den Graphen von $y = x^3$ an der x-Achse spiegelt, erhält man den Graphen von y = __________ .

3 Die Punkte liegen auf dem Graphen der Funktion mit $y = \frac{1}{3}x^3$.
Bestimme die fehlende Koordinate.

P(6 | ______) Q(−2 | ______)

R(______ | $-\frac{1}{3}$) S(______ | 9)

4 Notiere zur Funktionsgleichung den Buchstaben des zugehörigen Graphen.

a) $y = 0{,}2x^6$

b) $y = \frac{1}{2}x^3$

c) $y = -x^5$

d) $y = 3x^3$

e) $y = \frac{1}{16}x^4$

f) $y = -0{,}2x^6$

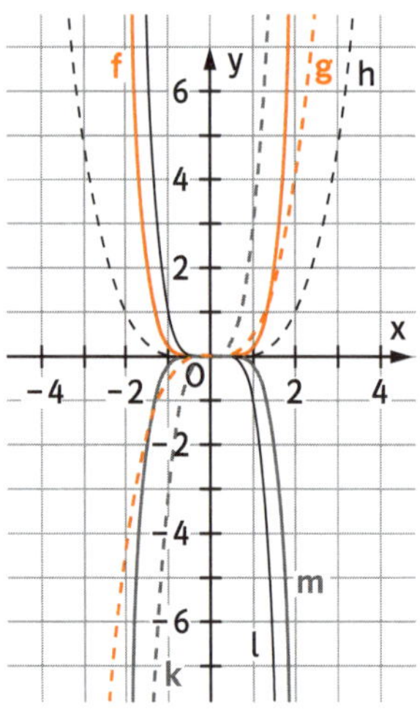

5 Gib den Funktionsterm einer möglichen Potenzfunktion an.

a) Der Graph einer Funktion 5. Grades verläuft durch den Punkt P(1 | 1,5). y = ________________

b) Der Graph verläuft durch die Punkte Q(−1 | −2), R(0 | 0) und S(1 | −2). y = ________________

c) Der Punkt A(−1 | −1) liegt auf dem Graphen, der punktsymmetrisch zum Ursprung ist.

y = ________________

d) Der Graph geht durch die Punkte C(−1 | 0,5) und D(−2 | 4). y = ________________

Quadratische Funktionen (1)

1 Gib jeweils die der Wertetabelle zugrunde liegende Funktionsgleichung an.

a) y = ______________

x	−2	−1	0	1	2	3
y	−24	−11	2	15	28	41

b) y = ______________

x	−2	−1	0	1	2	3
y	−3,2	−1,6	0	1,6	3,2	4,80

c) y = ______________

x	−2	−1	0	1	2	3
y	2	−1	−2	−1	2	7

d) y = ______________

x	−2	−1	0	1	2	3
y	1	0,5	$0,\overline{3}$	0,25	0,2	$0,1\overline{6}$

2 Ordne den Funktionsgleichungen den entsprechenden Buchstaben der Funktionsvorschriften zu.

a: Zahl → Quotient aus der Zahl und zwei abzüglich zwei

b: Zahl → Differenz aus fünf und dem Dreifachen des Quadrates der Zahl

c: Zahl → Quadrat der Differenz aus fünf vermindert um das Dreifache der Zahl

d: Zahl → Kehrwert der Hälfte der Zahl vermindert um zwei

e: Zahl → Summe aus vier und dem Kehrwert des Achtfachen der Zahl

f: Zahl → Kehrwert von vier vermehrt um das Achtfache der Zahl

______ $y = 8x + \frac{1}{4}$

______ $y = \frac{2}{x} - 2$

______ $y = \frac{x}{2} - 2$

______ $y = 4 + \frac{1}{8x}$

______ $y = 5 - 3x^2$

______ $y = (5 - 3x)^2$

3 a) Zu jedem rechts abgebildeten Graphen gehört eine der angegebenen Funktionsgleichungen. Trage die Nummer des Graphen bei der zugehörigen Funktionsgleichung ein.

______ : $f(x) = \frac{1}{x+2} - 3$ ______ : $g(x) = 2x$

______ : $h(x) = (x+2)^2 - 3$ ______ : $k(x) = -x - 3$

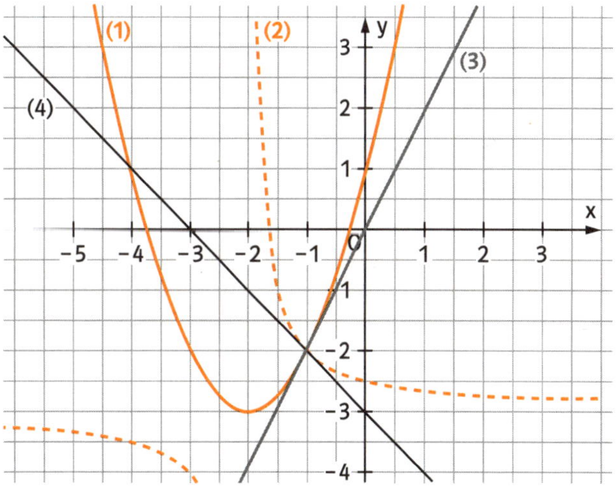

b) Berechne jeweils den entsprechenden Funktionswert.

g(2,5) = 2·2,5 = 5 k(3) = ______ = ______

h(−5) = ______________ = ______

f(−2,5) = ______________ = ______

4 a) Überprüfe durch Rechnung, ob der gegebene Punkt P(3 | −1) auf den Graphen der gegebenen Funktionsvorschriften liegt.

a: $x \to (x-2)^2 - 2$ a(______) = (______ − 2)² − 2 = ______

b: $x \to -\frac{x}{3}$ b(______) = $-\frac{\_\_\_\_\_\_}{3}$ = ______

c: $x \to -x^2$ c(______) = −______² = ______

d: $x \to -\frac{5}{3}x + 4$ d(______) = $-\frac{5}{3}$ ______ + 4 = ______

b) Überprüfe deine Ergebnisse, indem du die Graphen in das nebenstehende Koordinatensystem zeichnest.

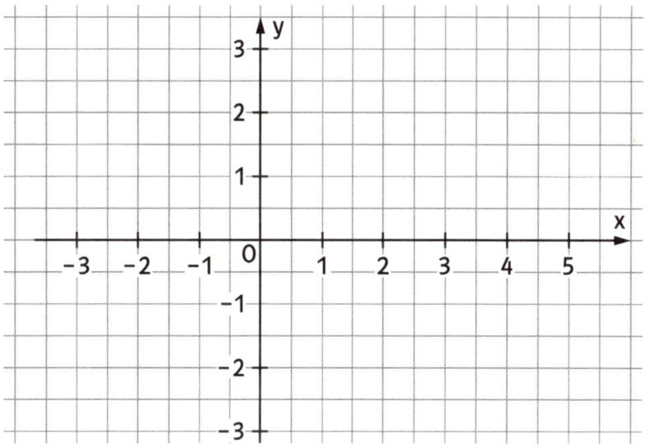

1 Ordne jeder Funktionsgleichung den passenden Graphen zu.
Notiere den entsprechenden Buchstaben.

a) $y = \frac{1}{2}(x + 1)^2$

b) $y = (x - 2)^2 + 1$

c) $y = -(x - \sqrt{2})^2 + 3$

d) $y = (x - 3)^2 - 2$

e) $y = \frac{1}{2}(x - 1)^2$

f) $y = -(x - 2)^2 - 1$

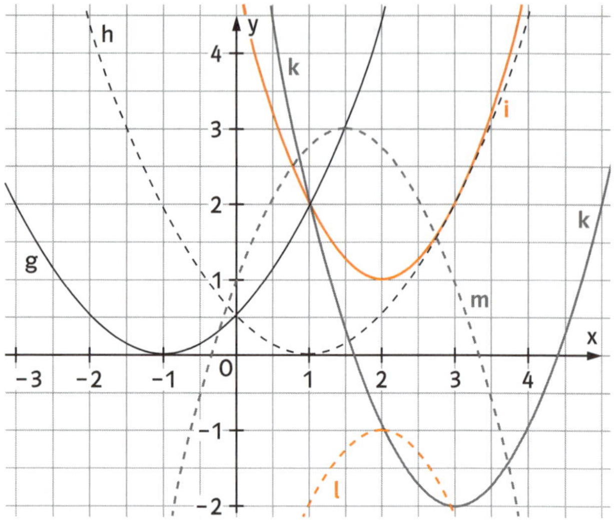

2 Gib den Scheitelpunkt der Parabel an und zeichne sie dann.

a) $y = (x + 3)^2$ S(____ | ____)

b) $y = x^2 - 2$ S(____ | ____)

c) $y = (x - 2)^2 + 1$ S(____ | ____)

d) $y = -x^2 + 4$ S(____ | ____)

e) $y = -(x + 2)^2 + 3$ S(____ | ____)

f) $y = \frac{1}{2}(x - 1)^2 - 1$ S(____ | ____)

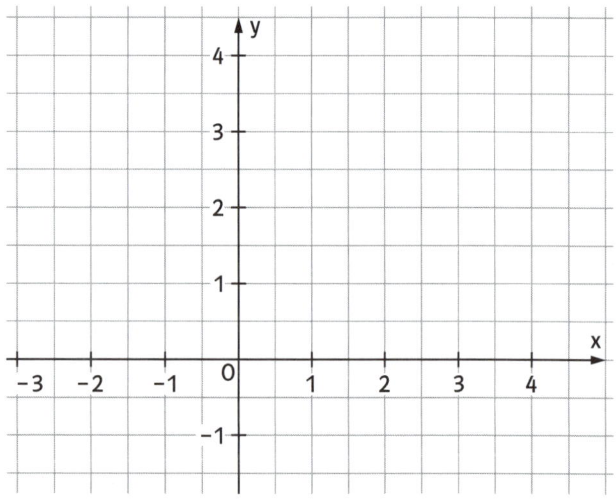

3 Vergleiche Lage und Form des Graphen der vorliegenden Funktion mit der Normalparabel.
Kreuze an oder trage den entsprechenden Wert ein.

	Funktionsgleichung	verschoben um … nach				nach unten geöffnet	breiter	enger
		rechts	links	oben	unten			
a)	$y = 2(x - 3)^2 + 5$	3				○	○	○
b)	$y = -(x + 6)^2 - 2{,}5$					○	○	○
c)	$y = -3x^2 + 10$					○	○	○
d)	$y = 0{,}2x^2 - 5$					○	○	○
e)	$y = -\frac{1}{3}(x - 6)^2$					○	○	○
f)	$y = \frac{1}{16}\left(x + \frac{1}{2}\right)^2$					○	○	○

4 Verbinde den Scheitelpunkt und die zugehörigen Funktionsgleichungen.

$y = 5{,}2\left(x - \frac{1}{3}\right)^2$

$y = \frac{1}{3}x^2 + 5$

$y = \frac{1}{3}x^2 - \frac{1}{2}$

$y = 5x^2 - \frac{1}{2}$

S(−2,5 | 0,5)

S(0 | 5)

$y = \frac{1}{3}\left(x - \frac{1}{3}\right)^2$

S(5,2 | −4)

$y = 5(x + 2{,}5)^2 + 0{,}5$

$y = x^2 + 5$

$S\left(\frac{1}{3} \middle| 0\right)$

$y = -x^2 - \frac{1}{2}$

$y = (x + 2{,}5)^2 + 0{,}5$

$y = 5x^2 + 5$

$S\left(0 \middle| -\frac{1}{2}\right)$

$y = -2{,}5(x - 5{,}2)^2 - 4$

Quadratische Funktionen (3)

1 Gib eine passende Funktionsgleichung an. Die Normalparabel [$y = x^2$] wurde

a) um 5 Einheiten nach links [$y = (x + 5)^2$] und um 3 Einheiten nach unten verschoben [$y = (x + 5)^2$ ______]

b) mit dem Faktor 4 gestreckt [y = ______], um 3,5 Einheiten nach oben [y = ______________]

und um 7 Einheiten nach links verschoben [y = ____________________].

c) um ______ Einheiten nach ______________ verschoben [$y = (x - 8)^2$] und an der x-Achse gespiegelt

[y = ______________].

d) so verschoben, dass der Scheitel im Punkt S(______ | ______) liegt [$y = (x + 9)^2 - 4$] und sie nach

______________ geöffnet ist [$y = -(x + 9)^2 - 4$].

2 Lies die Koordinaten des Scheitels ab und gib die Funktionsgleichung des Graphen an.

a) S(______ | ______) y = ______________

b) S(______ | ______) y = ______________

c) S(______ | ______) y = ______________

d) S(______ | ______) y = ______________

e) S(______ | ______) y = ______________

f) S(______ | ______) y = ______________

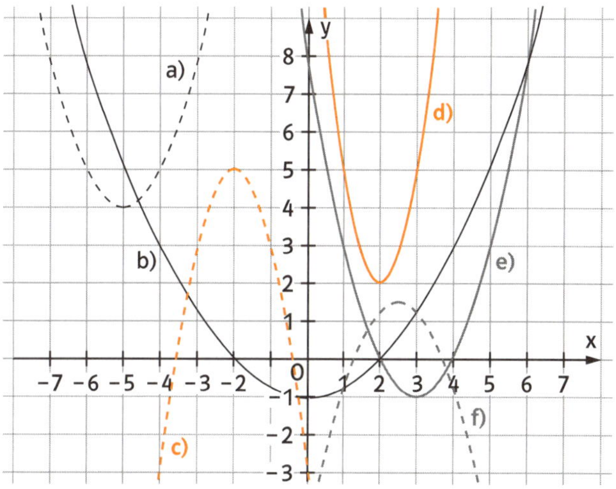

3 Gib zwei mögliche Funktionsgleichungen einer quadratischen Funktion an, die die Bedingung erfüllt. Fertige zuerst eine Skizze an.

a) Die Funktion hat keine Nullstelle. y = ______________

y = ______________

b) Der Graph berührt die x-Achse nur bei $x = 2$.

y = ______________

y = ______________

c) Der Graph ist nach unten geöffnet und die beiden Nullstellen sind $x = -2$ und $x = 2$. y = ______________

y = ______________

d) Die Funktion hat eine Nullstelle bei $x = 3$ und der Graph geht durch P(2 | −1). y = ______________

y = ______________

4 a) Spiegle die Parabel mit der Gleichung $y = (x + 2)^2 + 1$ an der y-Achse.

Die neue Funktionsgleichung lautet: ______________

b) Spiegle die Parabel mit der Gleichung $y = (x + 2)^2 + 1$ an der x-Achse.

Die neue Funktionsgleichung lautet: ______________

1 Die Flugbahn einer Feuerwerksrakete kann mit $h(x) = -0{,}5x^2 + 14x$ beschrieben werden. Dabei gibt x die Entfernung des Feuerwerkskörpers von der Abschussstelle und h(x) die Höhe in Metern an.

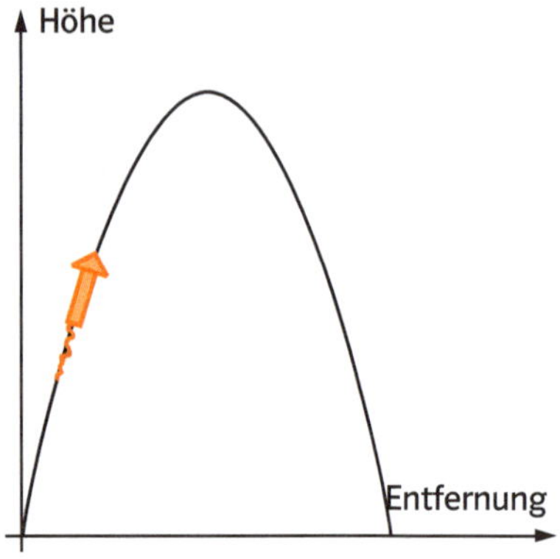

a) Die größte Höhe erreicht die Rakete im ___________ der Parabel.

Bestimme seine Koordinaten: S(_____ | _____). Die maximale Höhe

der Rakete beträgt also _____ m. Die Rakete erreicht diese Höhe in

einer Entfernung von _____ m von der Abschussstelle.

b) Wenn die Rakete landet, befindet sie sich in einer Höhe von _____ m.

Bestimme die Koordinaten des Landungspunktes: L(_____ | _____).

Die Rakete landet demnach _______ m von ihrem Abschussort

entfernt. Abschussstelle und Landungsstelle sind ___________

der quadratischen Funktion.

2 Überlege, ob die Funktion einen minimalen oder einen maximalen Funktionswert besitzt und bestimme den Scheitelpunkt der quadratischen Funktion.

a) $y = x^2 - 6x + 5$ Minimum bei S(_____ | _____) b) $y = x^2 + 2x + 6$ _________ bei S(_____ | _____)

c) $y = -x^2 + 10x + 5$ _________ bei S(_____ | _____) d) $y = x^2 - x - 2$ _________ bei S(_____ | _____)

e) $y = \frac{1}{4}x^2 + 2x + 12$ _________ bei S(_____ | _____) f) $y = -4x^2 - 80x - 200$ _________ bei S(_____ | _____)

3 Kim möchte wissen, wie hoch die Wasserfontäne im botanischen Garten sprüht. Die Fontäne ähnelt einer Parabel, die etwa durch $y = 18x - 3x^2$ beschrieben wird (x und y in Metern).

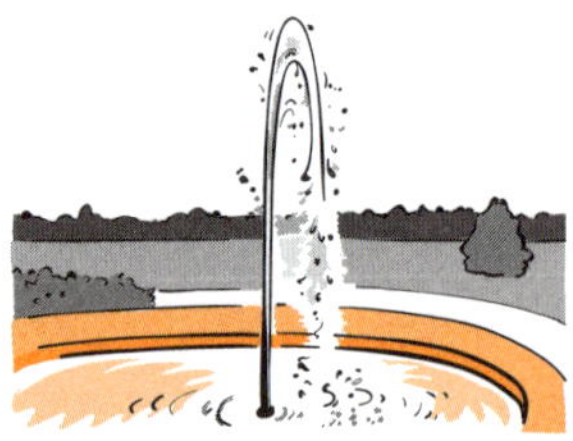

a) Welche Höhe erreicht die Fontäne? ___________________________

b) Wie weit sprüht die Fontäne? ___________________________

4 Laura fährt gleichmäßig mit 4 m pro Sekunde die Straße entlang. Vor ihr springt die Ampel auf Rot, und sie beginnt 9 m davor zu bremsen. Schafft sie es, rechtzeitig zum Stehen zu kommen? Der Bremsvorgang kann durch die Weg-Zeit-Funktion $s(t) = 4t - 0{,}4t^2$ beschrieben werden.

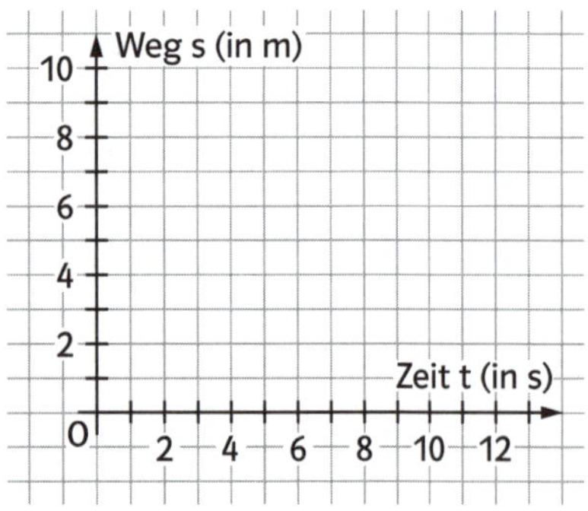

a) Skizziere den Graphen der Weg-Zeit-Funktion.

b) Kreuze die richtigen Aussagen an.

☐ Der Graph beschreibt Lauras Entfernung von dem Ort, an dem sie zu bremsen beginnt.

☐ Der Graph zeigt, wie kräftig Laura bremst: zuerst schwach, dann sehr stark, und nach 10 Sekunden bremst sie nicht mehr, sie steht.

☐ Der Graph beschreibt Lauras Geschwindigkeit auf ihrem Schulweg. Zuerst fährt sie langsam, dann wird sie schneller und schließlich wieder langsamer, bis sie steht.

☐ Der Graph ist zuerst steil, da sich Laura noch recht schnell von ihrem Standort auf die Ampel zu bewegt, dann verläuft er flacher, weil sie langsamer wird und schließlich steht.

c) Markiere den Punkt des Graphen, wo Laura zum Stehen kommt. Markiere auch die Position der Ampel.

Laura muss _____ Sekunden bremsen, bis sie steht. Während des Bremsens legt sie noch _____ Meter

zurück. Sie kommt also ___________________ zum Stehen.

1 Bestimme die Nullstellen der quadratischen Funktion durch Ausklammern wie im Beispiel.

$y = x^2 + 3x$
$0 = x^2 + 3x$
$0 = x \cdot (x + 3)$
$x = 0$ oder $x + 3 = 0$
$x = 0$ oder $x = -3$
Die Funktion hat die Nullstellen $x = 0$ und $x = -3$.

Ausklammern von x
Ein Produkt ist 0, wenn mindestens ein Faktor 0 ist.

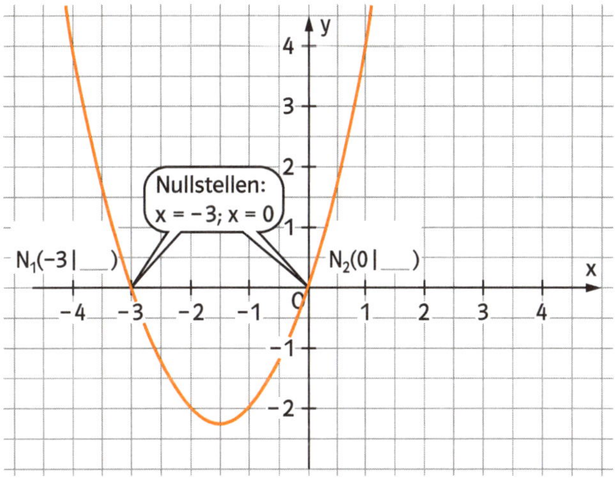

a) $y = 3x^2 - 12x$

$0 = 3x^2 - 12x$

___ $= 3x \cdot (x$ ______ $)$

$3x = 0$ oder ____ $= 0$

$x =$ ____ oder $x =$ ____

b) $y = \frac{1}{4}x^2 + 2x$

$0 = \frac{1}{4}x^2 + 2x$

___ $= \frac{1}{4}x \cdot ($ ______ $)$

____ $= 0$ oder ____ $= 0$

$x =$ ____ oder $x =$ ____

2 Bestimme die Koordinaten des Scheitelpunktes mithilfe der Nullstellen der Funktion.

a) Die Funktion $y = x^2 - 2x - 8$ hat die Nullstellen $x = -2$ und $x = 4$.
Der x-Wert des Scheitels liegt in der Mitte zwischen den Nullstellen, also $(-2 + 4) : 2 =$ ____ .
Der y-Wert des Scheitels lässt sich mit der Funktionsgleichung berechnen:

$y(1) = 1^2 - 2 \cdot 1 - 8 = 1 -$ ________ $=$ ____ . Der Scheitelpunkt ist S(______ | ______).

b) Die Funktion $y = 0{,}5x^2 - 3x + 2{,}5$ hat die Nullstellen $x = 1$ und $x = 5$.

x-Wert des Scheitels: ______________________

y-Wert des Scheitels: ______________________

S(______ | ______)

c) Die Funktion $y = -3x^2 - 27x - 54$ hat die Nullstellen $x = -6$ und $x = -3$.

x-Wert des Scheitels: ______________________

y-Wert des Scheitels: ______________________

S(______ | ______)

3 Ergänze die Tabelle.

Funktionsgleichung	Nullstellen		Mittelwert der Nullstellen	Scheitelpunkt
a) $y = x^2 - 6x$	x =	x =		S
b) $y = x^2 - 6x + 5$	x =	x =		S
c) $y = x^2 - 6x + 8$	x =	x =		S
d) $y = x^2 - 6x - 7$	x =	x =		S

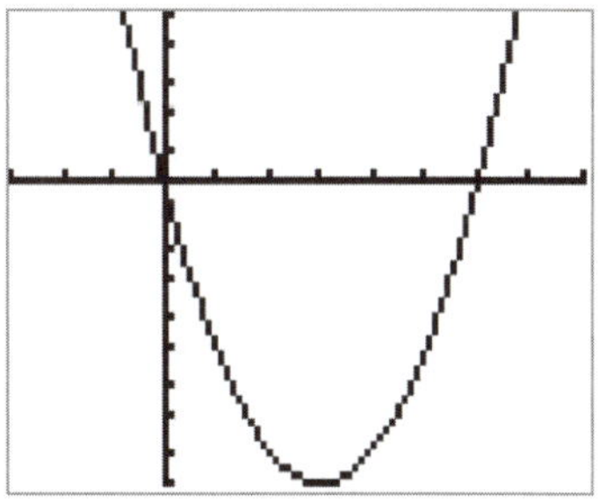

4 Bestimme den Scheitel ohne GTR. Betrachte zuerst die durch (0 | 0) nach unten verschobene Parabel.

	a)	b)
Funktionsgleichung:	$y = x^2 - 6x + 11$	$y = \frac{1}{2}x^2 + x + 5$
Gleichung der verschobenen Parabel:	$y = x^2 - 6x$	y = ______
Nullstellen der verschobenen Parabel:	$0 = x^2 - 6x$	0 = ______
	0 = ______	0 = ______
	x = ____ und x = ____	x = ____ und x = ____
x-Wert des Scheitels:	______	______
y-Wert des Scheitels:	______	______
Scheitelpunkt:	S(____ | ____)	S(____ | ____)

1 Bestimme aus den drei Punkten einer Parabel die zugehörige Funktionsgleichung. Entscheide zuerst, ob du den Weg über die Scheitelpunktform oder über die Normalform wählst.

> Funktionsgleichung einer quadratischen Funktion in Scheitelpunktform $y = a(x - d)^2 + e$ und in Normalform $y = ax^2 + bx + c$

a) A(1 | 6,5), B(−2 | 17), C(0 | 4)
☐ Scheitelpunktform ☒ Normalform

Allgemein: y = $ax^2 + bx + c$

y-Achsenabschnitt einsetzen: $ax^2 + bx + 4$

A(___ | ___) ergibt I: $6{,}5 = a \cdot 1^2 +$ ___

B(___ | ___) ergibt II: ___

Löse das lineare Gleichungssystem im Heft.

a = ___ b = ___ c = ___

y = ___

b) Scheitelpunkt S(3 | −1), D(6 | 2)
☐ Scheitelpunktform ☐ Normalform

Allgemein: y = ___

S(___ | ___) liefert: y = ___

D(___ | ___) ergibt: ___

Also ist a = ___, somit y = ___

c) S(1 | 2,5) ist Scheitelpunkt, T(0 | 0,5)
☐ Scheitelpunktform ☐ Normalform

Allgemein: y = ___

___(___ | ___) liefert: y = ___

___(___ | ___) ergibt: ___

Also ist a = ___, somit y = ___

d) P(2 | 9), Q(0 | −2), R(−4 | −6)
☐ Scheitelpunktform ☐ Normalform

Allgemein: y = ___

y-Achsenabschnitt einsetzen: y = ___

___(___ | ___) ergibt I: ___

___(___ | ___) ergibt II: ___

Löse das lineare Gleichungssystem im Heft.

a = ___ b = ___ c = ___

y = ___

2 Für welchen Wert des Parameters t verläuft der Graph der Funktion durch den Punkt P(3 | 4)? Zeichne zuerst die Graphen für t = 0; 1; 2.

a)

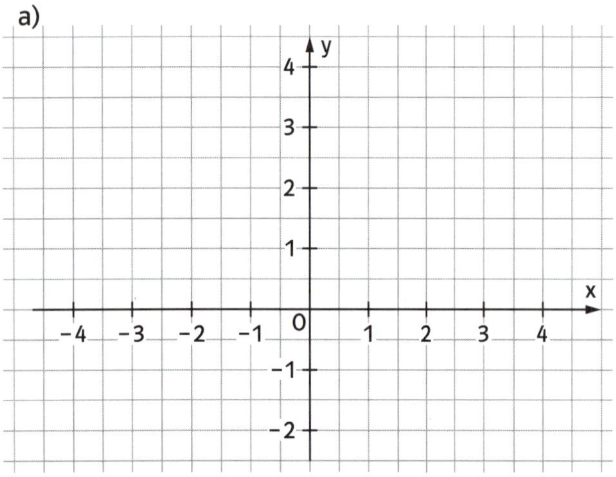

$y = x^2 + 2x + t$; Einsetzen von P(3 | 4) liefert:

$4 = 3^2 + 2 \cdot 3 + t$

t = ___

b)

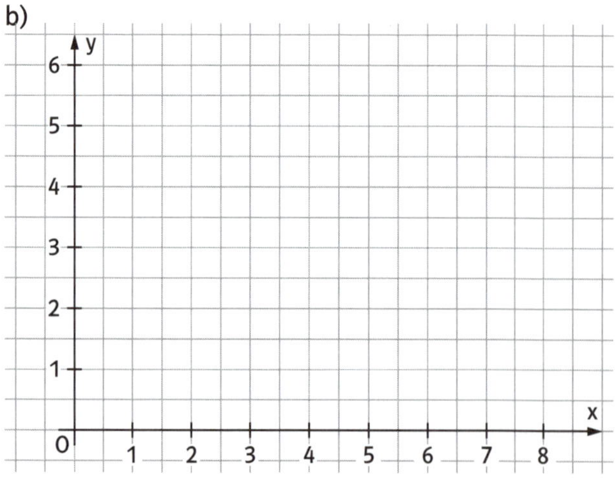

$y = t(x - 3)^2 + 1$; Einsetzen von P(3 | 4) liefert:

___

Fülle die Lücken. Für jeden Buchstaben findest du einen Strich. Löse dann die Beispielaufgaben.

Funktion

Eine Zuordnung, die jedem x-Wert genau einen y-Wert zuordnet, heißt Funktion. Die _ -Werte heißen auch Funktionswerte. Sie lassen sich mithilfe der

_ _ _ _ _ _ _ _ _ _ _ _ _ _ _ _ _ _ _ berechnen.

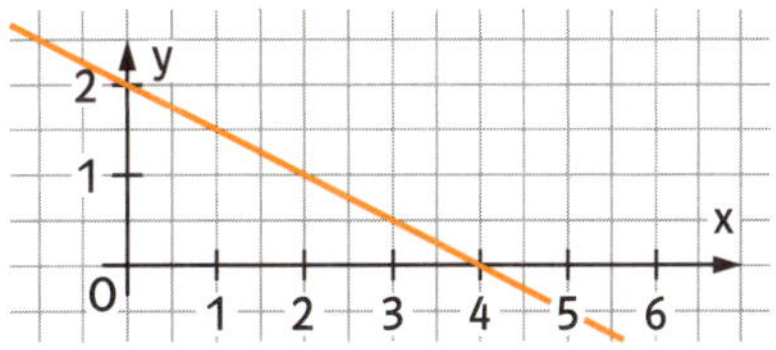

$y = -\frac{1}{2} \cdot$ ______

Dem x-Wert 4 ist der y-Wert _ zugeordnet.
Den Funktionswert für $x = 1$ berechnet man mit

$f(1) = -\frac{1}{2} \cdot$ ______ = ______

Lineare Funktion

Funktionen mit Funktionsgleichungen der Form $y = m \cdot x + n$ heißen lineare Funktionen. Dabei gibt

m die _ _ _ _ _ _ _ _ und n den

_ - _ _ _ _ _ _ _ _ _ _ _ _ _ _ _ _ an.

Zeichne die Graphen.

a) $y = 2x - 1$
b) $y = -3x + 3$
c) $y = -x$

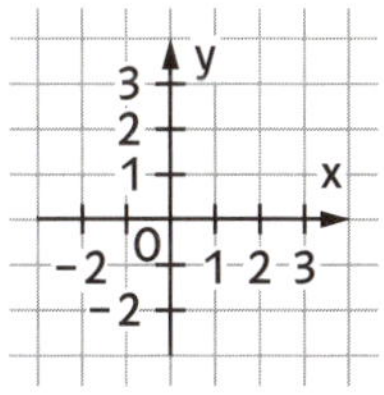

Aufstellen linearer Funktionsgleichungen

Die Funktionsgleichung lässt sich aus zwei Punkten $P(x_1 | y_1)$ und $Q(x_2 | y_2)$ des Graphen einer linearen Funktion bestimmen.

1. Berechnen der Steigung $m = \frac{y_2 - y_1}{x_2 - x_1}$
2. Einsetzen der Koordinaten eines Punktes in die Gleichung $y = m \cdot x + n$ und Auflösen nach n

Bestimme die Gleichung einer linearen Funktion, deren Graph durch P(− 0,5 | 0) und Q(1,5 | 6) verläuft.

m = ______________

______ = ______________ + n

n = ______

y = ______ · x ______

Quadratische Funktion

Funktionen, deren Funktionsgleichungen in der Form $y = a(x - d)^2 + c$ dargestellt werden können, heißen quadratische Funktionen. Ihre Graphen heißen

_ _ _ _ _ _ _ _ . Der Graph der Funktion ist der von $y = ax^2$, aber um d nach _ _ _ _ _ _ und um e nach

_ _ _ _ verschoben. Der Scheitelpunkt der Parabel liegt bei S(______ | ______).

Die Funktionsgleichung kann angegeben werden in der Scheitelpunktsform $y = a(x - d)^2 + e$

oder in der _ _ _ _ _ _ form $y = ax^2 + bx + c$.

Gib die Funktionsgleichungen der verschobenen Graphen und die Scheitelpunkte an.

a) y = ______
S(______ | ______)

b) y = ______
S(______ | ______)

c) y = ______
S(______ | ______)

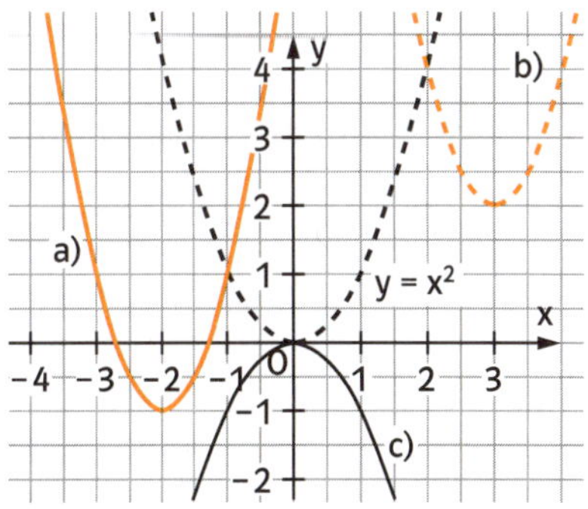

Der Graph von $y = x^2$ heißt _ _ _ _ _ _ _ _ _ _ _ _ _ _ .

Aufstellen quadratischer Funktionsgleichungen

1. Wahl einer allgemeinen Funktionsgleichung
2. _ _ _ _ _ _ _ _ _ _ der bekannten Größen (Scheitelpunktsform) bzw. Aufstellen von Gleichungen (Normalform)
3. Auflösen nach gesuchter Größe bzw. Lösen des Gleichungssystems
4. Angeben der Funktionsgleichung

Bestimme die Gleichung einer quadratischen Funktion, deren Graph durch den Punkt P(4 | 0) und den Scheitelpunkt S(2 | 2) verläuft.

1. $y = a(x + d)^2 + e$
2. y = a(x ______)² ______

______ = ______________

3. a = ______
4. y = ______________

1 Kreise diejenigen Wurzeln ein, die irrational sind.

$\sqrt{7}$ $\sqrt{8}$ $\sqrt{49}$ $\sqrt{65}$ $\sqrt{121}$ $\sqrt{100}$ $\sqrt{101}$

3 Wie groß ist die Seitenlänge a eines Quadrats mit dem gegebenen Flächeninhalt A?

a) $A = 4900\,dm^2$ a = ______

b) $A = 8\,m^2$ a = ______

c) $A = 1\,ha$ a = ______

d) $A = 12{,}25\,cm^2$ a = ______

2 Vereinfache durch Ausklammern oder Ausmultiplizieren.

a) $2 \cdot \sqrt{7} + 5 \cdot \sqrt{7} =$ ______

b) $\sqrt{3} \cdot \sqrt{75} - \sqrt{5} \cdot \sqrt{125} =$ ______

c) $\sqrt{2} \cdot (\sqrt{18} - \sqrt{50}) =$ ______

d) $\sqrt{9} \cdot \sqrt{15} - 2 \cdot \sqrt{15} =$ ______

4 Ziehe teilweise die Wurzel.

a) $\sqrt{48} =$ ______

b) $\sqrt{405} =$ ______

c) $\sqrt{432} =$ ______

d) $\sqrt{588} =$ ______

5 Schreibe unter einer Wurzel.

a) $2 \cdot \sqrt{5} =$ ______

b) $5 \cdot \sqrt{7} =$ ______

c) $7 \cdot \sqrt{10} =$ ______

d) $10 \cdot \sqrt{15} =$ ______

6 Sind die Terme richtig zusammengefasst? Kreuze an und ergänze gegebenenfalls den korrekten Term.

	richtig	falsch	korrekter Term
a) $5\left(3a - \frac{1}{2}b\right) = 15a - 2{,}5b$	○	○	
b) $\frac{1}{2}n(4m - 2{,}5n) = -0{,}5n + 4m$	○	○	
c) $(3y + 12z) \cdot \left(-\frac{1}{2}z\right) + 4z = -\frac{3}{2}zy - 2z$	○	○	
d) $\left(\frac{6}{8}x - \frac{5}{10}y\right) + \frac{3}{4}y + \frac{2}{20}x = \frac{17}{20}x + \frac{1}{4}y$	○	○	
e) $3(p - pq) - (-p + 3q) = 4p - 6pq$	○	○	
f) $2x \cdot x^2 \cdot 3y^2 \cdot \frac{3}{2}x^3 \cdot y = 9x^3 \cdot 9y^3$	○	○	
g) $x^3 - 2x^2 + 3xy^2 + 6x^2 - 4y^2 + x^3 = 2x^3 + 4x^2 + 3xy^2 - 4y^2$	○	○	

7 Silke plant einen quaderförmigen Blumenkasten. Er soll außen 2 m lang, 80 cm breit und 70 cm hoch sein.

a) Berechne das Volumen des Kastens (inklusive Wände). $V_{außen} =$ ______

b) Bestimme nun das Innenvolumen, wenn Silke mit 2 cm dicken Brettern arbeitet.

$V_{innen} =$ ______

c) Blumenerde gibt es in Säcken mit 10 l, 25 l und 50 l. Wie viel Blumenerde muss Silke kaufen? Welche Säcke empfiehlst du ihr?

______

8 Ein 5 m langes Stahlrohr hat einen Außendurchmesser von 30 cm und eine Wandstärke von 2 cm.

a) Berechne das Fassungsvermögen des Stahlrohrs.

______

b) Die gesamte Außenfläche des Rohrs soll gestrichen werden. Wie groß ist die zu streichende Fläche?

______

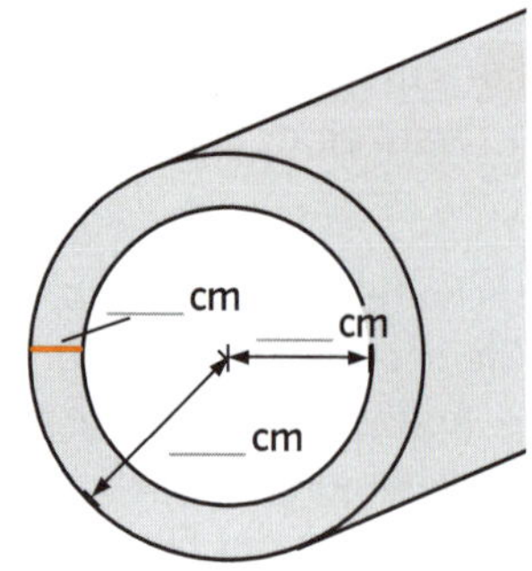

9 Fülle die Tabelle aus.

Bestimme die Wahrscheinlichkeit,	Bruch	Dezimalbruch	Prozent
a) mit einem Würfel eine Eins zu würfeln.			
b) mit einem 20-seitigen Würfel eine Drei zu würfeln.			
c) dass deine Mathematiklehrerin an einem Dienstag geboren wurde.			

10 Sieh dir die Wahrscheinlichkeitsverteilung an. Ergänze die fehlende Wahrscheinlichkeit und färbe die Felder des Glücksrads passend.

Ergebnis	Wahrscheinlichkeit
Rot	25 %
Gelb	50 %
Grün	≈ 8,3 % $\left(= \frac{1}{12}\right)$
Blau	

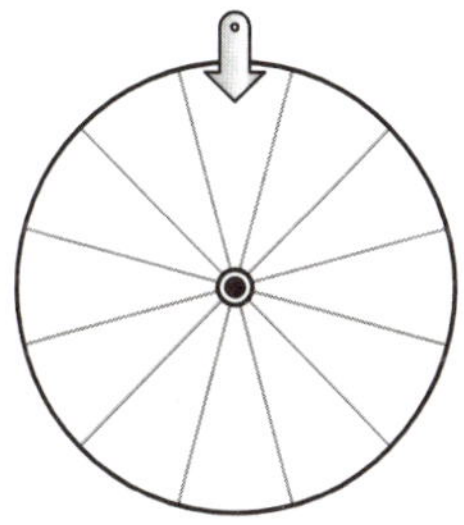

11 Rechne mit dem Gegenereignis. Zeichne den passenden Baum und berechne die Wahrscheinlichkeit. Du würfelst mit zwei Würfeln. Wie groß ist die Wahrscheinlichkeit, zweimal eine Zahl kleiner als sechs zu würfeln?

Das Gegenereignis lautet:

____

Die Wahrscheinlichkeit, zweimal eine Zahl kleiner als sechs zu würfeln, beträgt

____

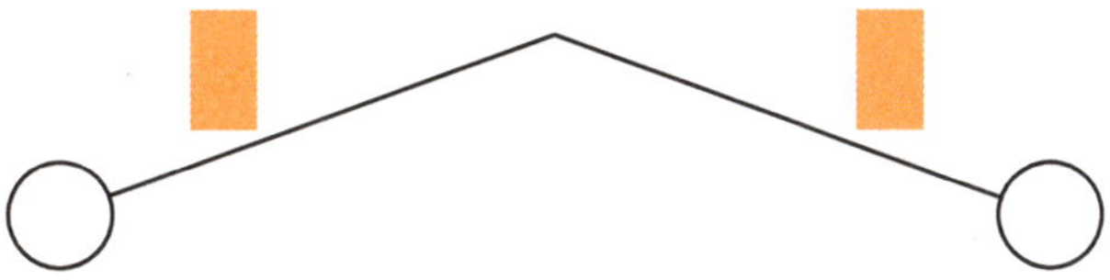

12 Berechne und ergänze mithilfe des pascalschen Dreiecks. Verallgemeinere bei d) deine Beobachtung.

a) $\binom{7}{3} + \binom{7}{4} =$ ______ + ______ $= \binom{8}{\square}$

b) $\binom{6}{1} + \binom{6}{2} =$ ______ + ______ = ______ $= \binom{7}{\square}$

c) $\binom{8}{4} + \binom{8}{5} =$ ______ + ______ $= \binom{9}{\square}$

d) $\binom{n}{k} + \binom{n}{k+1} = \binom{\square}{\square}$

13 Frau Becker holt sich für Installationsarbeiten zwei verschiedene Angebote ein:

a) Firma Lauer verlangt für An- und Abfahrt eine Grundgebühr von 35 € und je Arbeitsstunde 20 €. Zeichne das entsprechende Schaubild.

b) Firma Werther fordert 15 € Grundgebühr sowie 25 € pro Arbeitsstunde. Zeichne auch dieses Schaubild.

c) Bei einer voraussichtlichen Arbeitszeit von drei Stunden müsste Frau Becker bei der Firma Lauer insgesamt ________ € und bei der Firma Werther ________ € bezahlen. Somit wäre die Firma ______________ günstiger.

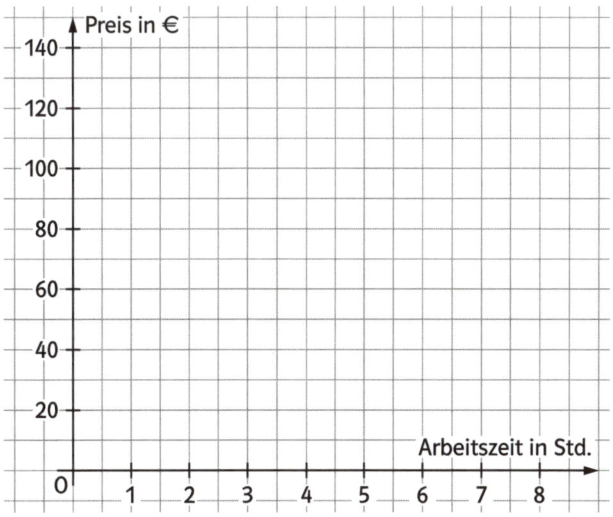

d) Bei einer voraussichtlichen Arbeitszeit von fünf Stunden müsste Frau Becker bei der Firma Lauer insgesamt ________ € und bei der Firma Werther ________ € bezahlen. Somit wäre die Firma ______________ günstiger.

1 Welche Beschreibung ist eine Definition für ein Fahrrad? Kreuze an. Gib zu den abgelehnten Definitionsvorschlägen ein Beispiel an, das zeigt, dass der Vorschlag den Begriff Fahrrad nicht definiert.

a) Ein Fahrrad ist ein Fahrzeug mit zwei Rädern. ☐ ____________________

b) Ein Fahrrad ist ein nicht motorisiertes Fahrzeug. ☐ ____________________

c) Ein Fahrrad ist ein Fahrzeug mit zwei Rädern, das über Pedale mit Muskelkraft angetrieben wird. ☐ ____________________

d) Ein Fahrrad ist ein blaues Fahrzeug mit zwei 26-Zoll-Rädern, das über Pedale mit Muskelkraft angetrieben wird. ☐ ____________________

2 Kreuze die Definitionsvorschläge an, die ein gleichschenkliges Dreieck definieren.

Definitionsvorschlag: Wenn ein Dreieck …, heißt es gleichschenklig.	Definition	ungenau oder falsch	überflüssige Angaben
a) punktsymmetrisch ist	○	○	○
b) zwei gleich lange Seiten hat	○	○	○
c) achsensymmetrisch ist und die Symmetrieachse eine Winkelhalbierende ist	○	○	○
d) eine Mittelsenkrechte hat, die eine Dreiecksseite halbiert	○	○	○
e) zwei gleich große Winkel hat	○	○	○
f) eine Höhe hat, die auch Winkelhalbierende ist	○	○	○

3 Joseph hat aus verschiedenen Mathematikbüchern Definitionen für besondere Vierecke (Quadrat, Rechteck, Raute, Parallelogramm, Trapez, Drachenviereck) abgeschrieben. Welches Viereck wird definiert?

____________: Viereck mit vier rechten Winkeln

____________: Viereck mit orthogonalen Diagonalen, von denen eine Symmetrieachse ist

____________: Viereck mit vier gleich langen Seiten

____________: Viereck mit mindestens einem Paar paralleler Seiten

____________: Viereck mit vier Symmetrieachsen

____________: Viereck, bei dem gegenüberliegende Seiten parallel sind

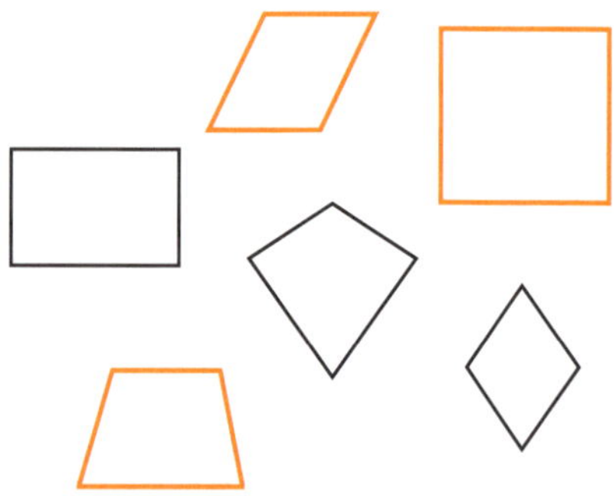

4

a) Nenne die drei Eigenschaften eines Knispels.

____

____

b) Kreuze an, wer ein Knispel ist.

1 a) Ordne die Begriffe den Mengen im Diagramm zu: Kängurus, Riesenkängurus, Berggorillas, Wirbeltiere, Reptilien, Vögel, Säugetiere, Beuteltiere, Primaten, Wale, Gorillas.

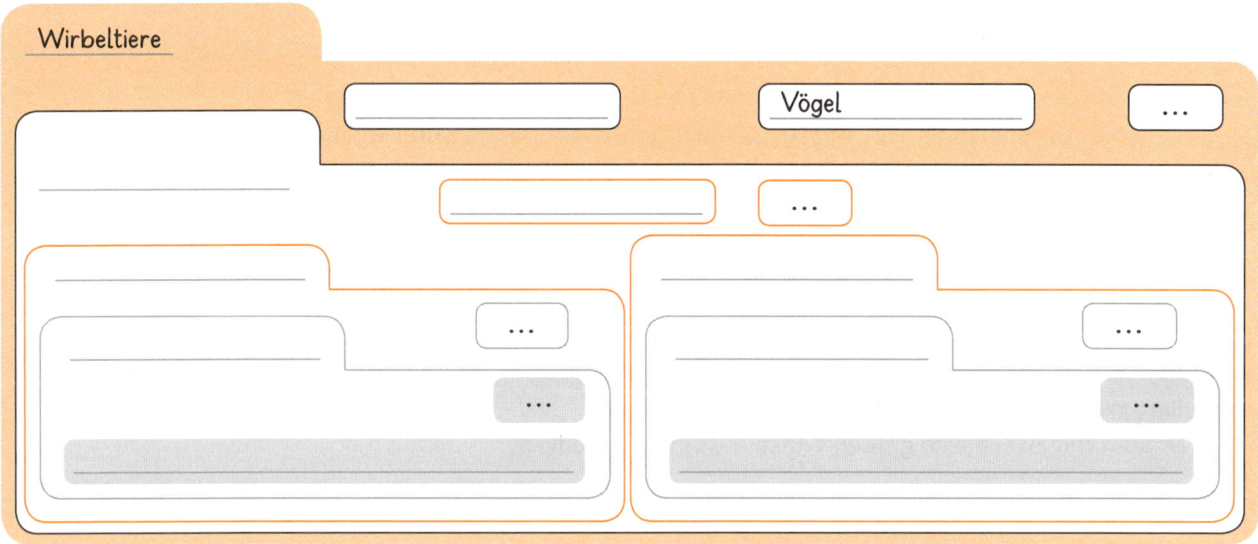

b) Vervollständige die Aussagen.

Spezialisieren:

Einige ______ sind Berggorillas.

Kängurus sind besondere ______ .

Manche Wirbeltiere sind ______ .

Verallgemeinern:

Jedes Säugetier ist auch ein ______ .

Jeder Gorilla ist ein ______ .

Jedes ______ ist ein Säugetier.

2 Entscheide, ob durch die angegebene Eigenschaft eine Spezialisierung vorliegt.

	Figur	Eigenschaft	Spezialisierung ja	Spezialisierung nein	wenn ja, Name der spezialisierten Figur
a)	Viereck	vier rechte Winkel	○	○	
b)	Dreieck	Winkelsumme beträgt 180°	○	○	
c)	Trapez	zwei gleich lange Seiten	○	○	
d)	gerades Prisma	rechteckige Grundfläche	○	○	

3 Vervollständige die Aussagen.

Verallgemeinern:

Ein Körper mit zwei parallel verschobenen, kongruenten Vielecken als Grund- und Deckfläche und Parallelogrammen als Seitenflächen heißt ______ .

Ein ______ mit Rechtecken als Seitenflächen heißt ______ Prisma .

Ein ______ Prisma mit rechteckiger Grund- und Deckfläche heißt ______ .

Ein ______ mit sechs gleichen Quadraten als Seitenflächen heißt ______ .

Körper:

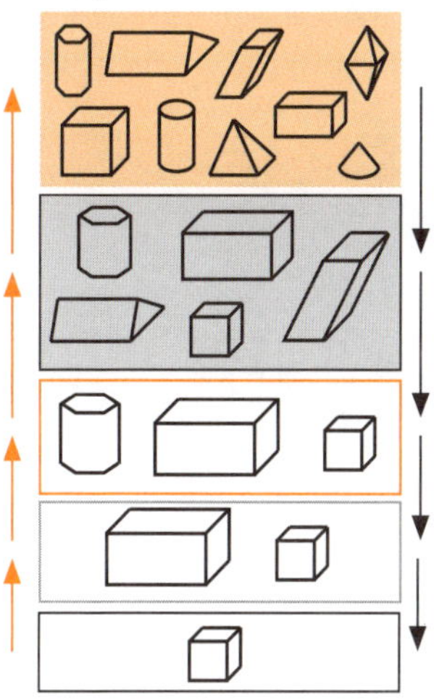

Spezialisieren:

Jedes ______ ist auch ein Körper.

Jedes ______ ______ ist auch ein ______ .

Jeder ______ ist auch ein ______ ______ .

Jeder ______ ist auch ein ______ .

1 Welcher Wenn … dann … Satz gibt die Logik des vorangestellten Satzes richtig wieder? Kreuze ihn an.

a) Sonntags findet kein Unterricht statt.
☐ Wenn kein Unterricht stattfindet, dann ist Sonntag.
☐ Wenn Sonntag ist, dann findet kein Unterricht statt.

b) Die Adventszeit ist nur drei Wochen lang, falls der 24. Dezember ein Sonntag ist.
☐ Wenn der 24. Dezember ein Sonntag ist, dann ist die Adventszeit nur drei Wochen lang.
☐ Wenn die Adventszeit nur drei Wochen lang ist, dann ist der 24. Dezember ein Sonntag.

c) Der See tritt bei zu viel Regen über die Ufer.
☐ Wenn es zu viel regnet, dann tritt der See über die Ufer.
☐ Wenn der See über die Ufer tritt, dann hat es zu viel geregnet.

2 Markiere zuerst in der Aussage die Voraussetzung farbig.
Formuliere die Aussage in der Wenn … dann … Form.
a) Ein Dreieck mit zwei gleich großen Winkeln ist gleichschenklig.

Wenn ______________________________

b) Zweistellige Primzahlen sind immer ungerade.

Wenn ______________________________

c) Ein Viereck mit vier rechten Winkeln hat stets gleich lange Diagonalen.

Wenn ______________________________

d) Kongruente Dreiecke haben den gleichen Flächeninhalt.

Wenn ______________________________

3 Bilde Umkehrungen der Aussagen aus Aufgabe 2, indem du die Voraussetzung mit der Behauptung vertauschst. Kreuze an, ob die Umkehrung wahr oder falsch ist.
Gib für die drei falschen Aussagen unten ein Gegenbeispiel an.

Hinweis: Die Umkehrung einer wahren Aussage kann wahr oder falsch sein.

	wahr	falsch
a) Wenn ein Dreieck gleichschenklig ist, dann hat ______________________________	☐	☐
b) ______________________________	☐	☐
c) ______________________________	☐	☐
d) ______________________________	☐	☐

Aussagen überprüfen – Beweisen und Widerlegen (2)

1 Prüfe, ob die Aussage wahr oder falsch ist. Gib gegebenenfalls ein Gegenbeispiel an.

Aussage	wahr	falsch	ggf. Gegenbeispiel
a) Wenn ein Viereck vier gleich lange Seiten hat, dann ist es ein Quadrat.	○	○	
b) Wenn ein Viereck zwei gleich lange Diagonalen hat, dann ist es ein Rechteck.	○	○	
c) Wenn zwei Vierecke den gleichen Flächeninhalt haben, dann sind sie kongruent.	○	○	
d) Wenn die gegenüberliegenden Winkel im Viereck gleich groß sind, dann ist es ein Parallelogramm.	○	○	
e) Wenn ein Viereck genau zwei gleich große Winkel hat, dann ist es ein Drachenviereck.	○	○	
f) Wenn in einem Viereck benachbarte Winkel zusammen 180° ergeben, dann ist es ein Rechteck.	○	○	

2 Beweise die Aussage.
a) Die Summe zweier natürlicher Zahlen, die beide durch 7 teilbar sind, ist durch 7 teilbar.

Voraussetzung: ______________________________

Behauptung: ______________________________

Beweis: Da beide Zahlen durch 7 teilbar sind, muss jede Zahl den Faktor ____ enthalten. Also kann man für die erste Zahl $7 \cdot x$ und für die zweite Zahl ____ $\cdot\, y$ schreiben. Damit ergibt sich als Summe:

______ + ______ . Nach dem Distributivgesetz gilt: ______ + ______ = ____ · (____ + ____).

Da dieser Term den Faktor ____ enthält, ist die Summe der beiden Zahlen durch 7 teilbar.

b) Wenn in einem Fünfeck mit drei 108°-Winkeln die beiden anderen Winkel gleich groß sind, dann ist es ein regelmäßiges Fünfeck.

Voraussetzung: ______________________________

Behauptung: ______________________________

Beweis: Die Innenwinkelsumme in einem Fünfeck beträgt ______ . Da drei Winkel je 108° groß sind, ergeben diese Winkel zusammen 3 · ______ = ______ . Damit bleiben für die beiden anderen Winkel noch ______ – ______ = ______ . Jeder der beiden Winkel ist also ______ : 2 = ______ groß.

Also sind alle fünf Winkel ______ groß und das Fünfeck ist ______________ .

3 Widerlege die Aussage mit einem Gegenbeispiel.
Aussage: Wenn ein Viereck genau eine Symmetrieachse hat, ist es ein Drachenviereck.

Voraussetzung: ______________________________

Behauptung: ______________________________

Skizze eines Gegenbeispiels:

Beweise führen – Strategien (1)

1 Beweise: Das Quadrat jeder geraden natürlichen Zahl ist durch 4 teilbar.

> Führe Variablen und Terme ein.

Eine gerade natürliche Zahl lässt sich so schreiben: $n =$ ______ $\cdot\, m$.

Quadriert ergibt sich: $n^2 = ($ ______ $\cdot\, m)^2 =$ ______ $\cdot\, m^2$. Also ist die Behauptung ________ .

2 Es sind k, n und m die Zahlen 1, 2 und 3 in irgendeiner Reihenfolge. Kann man entscheiden, ob das Produkt $(k-1)\cdot(n-2)\cdot(m-3)$ gerade oder ungerade ist?

> Suche Beispiele oder Gegenbeispiele.

Es gibt nur zwei Verteilungen der Zahlen 1, 2 und 3 auf die Variablen, für die das Produkt nicht 0 wird, nämlich:

(____ – 1) · (____ – 2) · (____ – 3) = ____ bzw. (____ – 1) · (____ – 2) · (____ – 3) = ____ .

Diese Produkte sind beide ______________ .

3

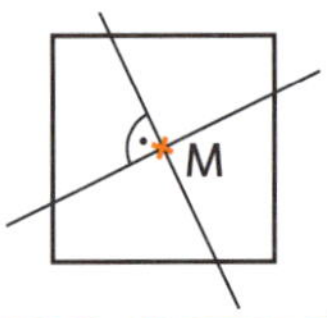

> Betrachte Spezialfälle.

> Symmetrien nutzen.

Vermutung: Jedes Quadrat wird durch zwei im Mittelpunkt M senkrecht aufeinander stehende Geraden in vier kongruente Teilfiguren zerlegt.

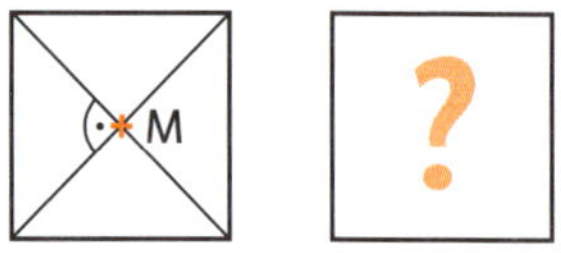

Im ersten der beiden Spezialfälle rechts erkennt man vier Dreiecke, die aus Symmetriegründen ______________ sind. Finde und zeichne einen zweiten Spezialfall im Bild daneben.

Da bei den Spezialfällen die Symmetrie eine Rolle gespielt hat, sucht man auch für den allgemeinen Fall Symmetrien: Drehe das Geradenkreuz in der Ausgangsfigur oben links um M. Der kleinste Winkel, bei dem es auf sich selbst abgebildet wird, beträgt ______ . Auch das Quadrat wird durch diese Drehung ______________________________ .

Daher sind die vier Schnittfiguren ______________ . Die Vermutung ist also ______________ .

4 a) Beweise: In jedem Dreieck mit den Winkeln 30°, 60° und 90° ist die kürzeste Seite halb so lang wie die längste Seite.

> Kann man die Figur erweitern?

> Symmetrien nutzen.

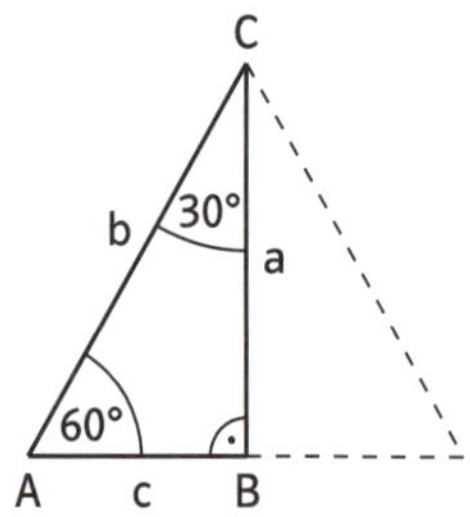

Spiegle die Figur an der Seite a. Du erhältst wegen des rechten Winkels bei B ein Dreieck als Gesamtfigur.

Dieses Dreieck hat die Winkel ____°, ____° und ____°, es ist also ein ______________________________ Dreieck.

Wegen der Symmetrie ist dann c genau halb so lang wie die Seitenlänge ____ (des gleichseitigen Dreiecks). Damit ist die Behauptung ________ .

b) Beweise: Der Schnittpunkt der Höhen im gleichseitigen Dreieck teilt diese im Verhältnis 1 : 2.

> Symmetrien nutzen.

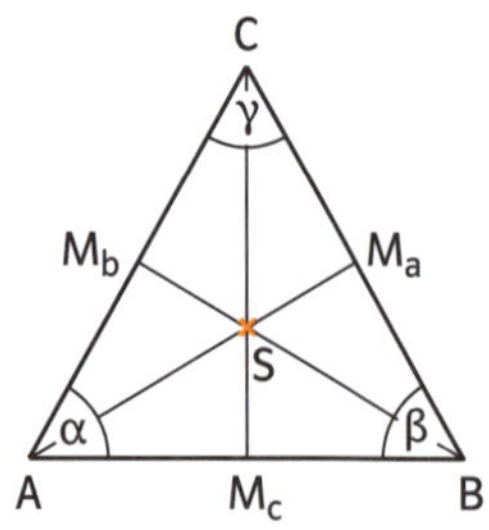

Die Höhen im gleichseitigen Dreieck sind wegen der Symmetrie gleichzeitig die Mittelsenkrechten, die Seitenhalbierenden und die ______________________________ .

Wegen der Eigenschaft der ____

______________________________ haben alle sechs Teildreiecke die Winkel ____°, ____° sowie ____° und sind nach dem Kongruenzsatz ________ kongruent, wodurch die Behauptung mithilfe von Teilaufgabe a) bewiesen ist.

> Bekannte Sätze nutzen.

1 Beweise: Wenn drei Winkel in einem Viereck spitze Winkel sind, dann muss der vierte Winkel stumpf sein.

Für die Winkelsumme im Viereck gilt: $\alpha + \beta + \gamma + \delta =$ ______°. Spitze Winkel seien α, β und γ, das heißt, sie sind jeweils kleiner als ______°, und zusammen ist die Summe $\alpha + \beta + \gamma$ dann kleiner als ______°. Daher muss dann δ ____ .

2 In ein gleichschenklig-rechtwinkliges Dreieck ABC mit gegebener Länge a der beiden Schenkel $\overline{AC}$ und $\overline{BC}$ sind Rechtecke so einzuzeichnen, dass jeweils ein Eckpunkt D eines solchen Rechtecks auf der Basis und zwei Rechteckseiten auf den Schenkeln des Dreiecks ABC liegen.

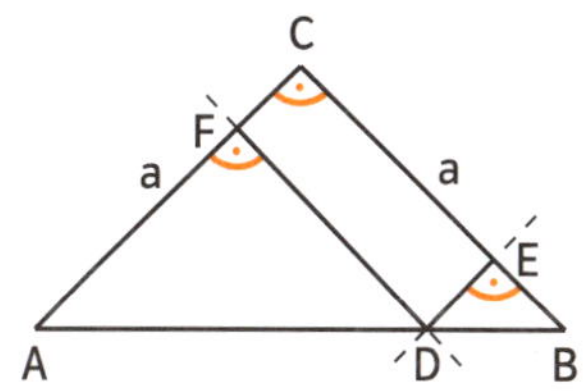

a) Es soll bewiesen werden, dass alle diese Rechtecke den gleichen Umfang $U = \overline{CE} + \overline{ED} + \overline{DF} + \overline{FC}$ besitzen. Ergänze die einzelnen Beweisschritte.

Strategie	Feststellung	Begründung
gleiche Winkel finden	∢ AFD = ∢ DFC = 90° und ∢ DEB = ∢ CED = 90°	1) DECF ist ein Rechteck. 2) Nebenwinkelsatz
gleiche Winkel finden	∢ BAC = ______ und ∢ CBA = ______	Eigenschaft eines gleichschenkligen und rechtwinkligen Dreiecks
gleiche Winkel finden	∢ FDA = ______ und ∢ BDE = ______	
Zwischenergebnis	Die Teildreiecke ADF und DBE sind gleichschenklig und rechtwinklig.	Folgt aus obigen Schritten.
gleiche Strecken finden	$\overline{ED} = \overline{EB}$ und $\overline{AF} = \overline{DF}$	
Streckenlängen addieren	$\overline{CE} + \overline{ED} = \overline{CE} +$ ______ = ______ $\overline{DF} + \overline{FC} =$ ______ $+ \overline{FC} =$ ______	Folgt aus obigen Überlegungen.
Umfang bestimmen	$U = \overline{CE} + \overline{ED} + \overline{DF} + \overline{FC}$ = ____________	Da U unabhängig ist von der Wahl des einbeschriebenen Rechtecks, haben alle Rechtecke den gleichen Umfang.

b) Nun soll noch bewiesen werden, dass von allen möglichen Rechtecken aus Teilaufgabe a) das Quadrat PQCR den größten Flächeninhalt besitzt. Es ist also zu zeigen, dass jede mögliche Rechteckfläche FDEC nicht größer als das Quadrat sein kann.

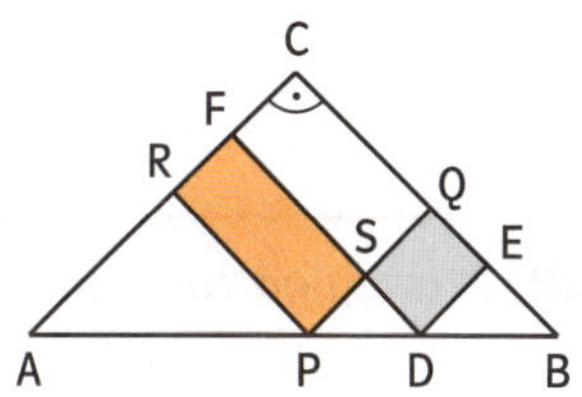

Rechteckfläche FDEC = Quadratfläche – $\text{Fläche}_{\text{orange}} + \text{Fläche}_{\text{grau}}$.

Die farbigen Teilrechtecke haben eine gleich lange Seite: $\overline{PS} = \overline{DS}$, da das Dreieck PDS ____________________ ist. Die zweite Seitenlänge des grauen Rechtecks ist in keinem Fall ____________ als die des orangen Rechtecks (die ja mit der Quadratseite übereinstimmt). Also ist die graue Fläche niemals ____________ als die orange Fläche. Es wird also zu der Quadratfläche nie mehr addiert als ____________________ wird, woraus die Behauptung folgt.

Fülle die Lücken. Für jeden Buchstaben findest du einen Strich. Löse dann die Beispielaufgaben.

Definieren und Ordnen

Eine _ _ _ _ _ _ _ _ _ _ legt einen Begriff durch eine Beschreibung genau fest. Sie enthält nicht mehr Informationen als unbedingt notwendig.
Zum Ordnen von Begriffen werden Eigenschaften hinzugenommen (spezialisieren) oder weggelassen (_ _ _ _ _ _ _ _ _ _ _ _ _ _ _ _).

Definition: Ein Parallelogramm ist ein Viereck, bei dem die gegenüberliegenden Seiten parallel sind.

Spezialisierung:

Ein _ _ _ _ _ _ _ _ ist ein Parallelogramm mit gleich langen Diagonalen.

Verallgemeinerung:

Ein _ _ _ _ _ _ ist ein Viereck, bei dem ein Paar gegenüberliegender Seiten parallel ist.

Wenn ... dann ... Form einer Aussage

Ist eine Aussage in der Wenn ... dann ... Form formuliert, kann man die _ _ _ _ _ _ _ _ _ _ _ _ _ (Wenn ...) und die _ _ _ _ _ _ _ _ _ _ (dann ...) der Aussage gut erkennen.

- Schreibe in Wenn ... dann ... Form.
Ein Dreieck mit zwei gleich großen Winkeln ist gleichschenklig.

Wenn ein ______________________________

____

____

Aussagen prüfen – Beweisen oder Widerlegen

Aussagen können wahr oder falsch sein.

Ein _ _ _ _ _ _ _ _ _ _ _ _ _ genügt, um zu zeigen, dass die Aussage falsch ist. Dies ist ein Beispiel, bei dem die Voraussetzung der Aussage erfüllt ist, aber die Behauptung nicht gilt.

Dass eine Aussage wahr ist, zeigt ein _ _ _ _ _ _.
Dabei wird ausgehend von der Voraussetzung in logischen Schritten auf die Behauptung geschlossen.
Strategien beim Beweisen:

- Suche Beispiele.
- Führe Variablen ein und stelle Terme auf.
- Nutze Symmetrien, zeichne Hilfslinien ein.
- Suche kongruente Figuren.
- Überlege dir ähnliche Sachverhalte.
- Erweitere die Figur oder betrachte Teilfiguren.

Eine bewiesene Aussage heißt _ _ _ _.

- Wenn ein Viereck zwei Paare gleicher Winkel hat, dann ist es eine Raute.

Die Aussage ist _ _ _ _ _ _, denn ein _ _ _ _ _ _ _ _ _ _ _ _ _ _ hat auch zwei Paare gleicher Winkel, ist aber keine Raute.

- Beweise den Satz „Ein Dreieck mit zwei gleich großen Winkeln ist gleichschenklig."

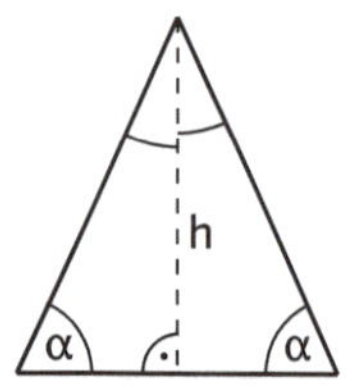

Strategie: Höhe einzeichnen, Teilfiguren betrachten.
Beweis: Die Höhe teilt das Dreieck in zwei Dreiecke. Sie stimmen in drei Winkeln überein: in α, dem rechten Winkel und damit auch im dritten Winkel. Da beide Dreiecke die Höhe gemeinsam haben, gilt nach dem Kongruenzsatz _ _ _ die Kongruenz der Dreiecke. Damit sind die beiden Seiten des größeren Dreiecks gleich, es ist also gleichschenklig.

Strategien zum Finden neuer Sätze

- Füge bei einem bekannten Satz Voraussetzungen hinzu oder lasse Teile der Voraussetzung weg.
- Ersetze bei einem bekannten Satz Begriffe.
- Bilde die _ _ _ _ _ _ _ _ _ des Satzes, d. h. vertausche Voraussetzung und Behauptung.

- Vertausche Voraussetzung und Behauptung.
Wenn ein Viereck ein Rechteck ist, dann hat es zwei Symmetrieachsen.

Wenn ein Viereck ______________________________

____

____

Gegenbeispiel ist ______________________________

1 Löse die Gleichungen.

a) $x^2 + 4 = 40$

$x^2 =$ ______

$x_1 =$ ______ ; $x_2 =$ ______

b) $x^2 - 1 = 1$

$x^2 =$ ______

$x_1 =$ ______ ; $x_2 =$ ______

c) $x^2 - 5 = 20$

______

$x_1 =$ ______ ; $x_2 =$ ______

d) $x^2 + 2 = 1$

______

$x_1 =$ ______ ; $x_2 =$ ______

e) $2x^2 + 2 = 4$

$2x^2 =$ ______

______

$x_1 =$ ______ ; $x_2 =$ ______

f) $x^2 + 1 = 1$

______

$x_1 =$ ______ ; $x_2 =$ ______

2 Mache die Nenner rational.

a) $\frac{11}{\sqrt{7}} = \frac{11 \cdot \sqrt{7}}{\sqrt{7} \cdot \sqrt{7}} = \frac{11}{7} \cdot \sqrt{7}$

b) $\frac{7}{\sqrt{11}} =$ ______

c) $\frac{7}{\sqrt{7}} =$ ______

d) $\frac{11}{\sqrt{11}} =$ ______

3 Bestimme die Wurzel ohne Taschenrechner, indem du den Radikanden zerlegst.

a) $\sqrt{1225} =$ ______

b) $\sqrt{1521} =$ ______

c) $\sqrt{2401} =$ ______

d) $\sqrt{5184} =$ ______

4 Schreibe das Ergebnis der Multiplikation in die Tabelle.

·	$(y - 4)$	$(4xy + x)$	$(2xy + 3y + 2)$
$(2y - 2)$	$2y^2 - 10y + 8$		
$(5x + 3y)$			

5 Berechne das Volumen der Körper.

Körper	a) 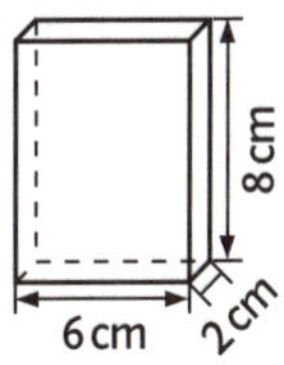	b) 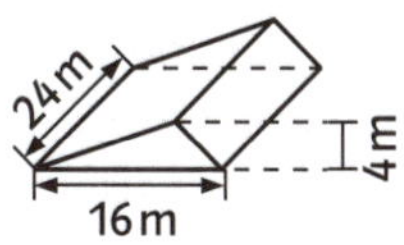	c) 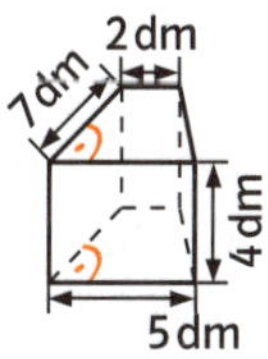	d) 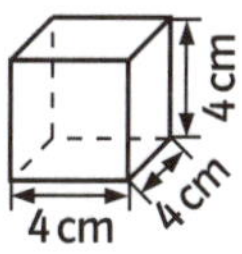
G	$6\,cm \cdot 2\,cm = 12\,cm^2$	=	=	=
V	$12\,cm^2 \cdot 8\,cm$ =	=	=	=

6 a) Färbe die Kreise entsprechend ein.

$\frac{1}{6}$-Kreis 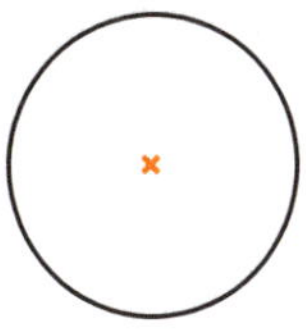

$\frac{3}{4}$-Kreis 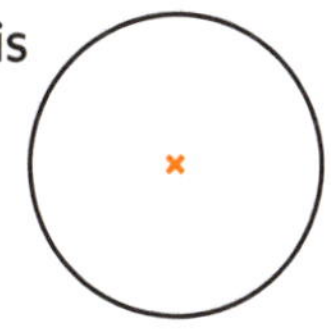

$\frac{1}{5}$-Kreis 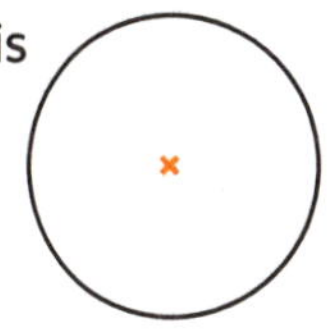

b) Berechne die Bogenlänge (r = 2 cm). Gib auch den Flächeninhalt der Kreisausschnitte an.

______ ______ ______

7 Aus einer Urne werden drei Kugeln gezogen und ausgelegt.

a) Die Reihenfolge der gezogenen Kugeln bleibt unverändert. Die Wahrscheinlichkeit, dreimal „G" zu ziehen, beträgt

______________ ; die Wahrscheinlichkeit, das Wort GUT zu

ziehen, beträgt ______________ .

b) Die Kugeln dürfen nach dem Ziehen vertauscht werden.

Die Wahrscheinlichkeit für das Wort GUT beträgt nun ______________ .

8 Man wirft zweimal mit einem normalen Würfel.

a) Mit welcher Wahrscheinlichkeit ergibt der erste Wurf eine Vier und der zweite Wurf eine Sechs? Trage bei dem Pfad die entsprechenden Ereignisse und Wahrscheinlichkeiten ein.

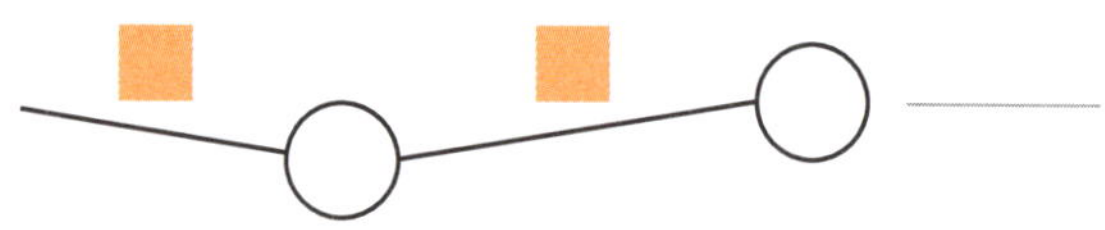

b) Mit welcher Wahrscheinlichkeit würfelt man zuerst eine Zahl kleiner als vier und beim zweiten Wurf eine Zahl größer als vier?

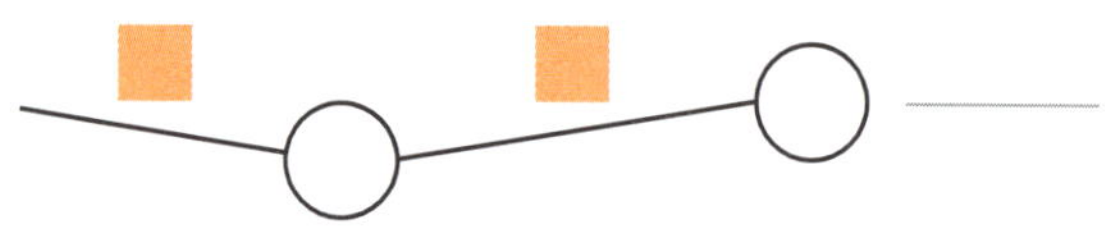

9 Berechne die Wahrscheinlichkeit, dass beim achtmaligen Würfeln mit einem normalen Spielwürfel

a) genau zweimal eine Sechs fällt: ______________________________

b) genau sechsmal eine Zwei fällt: ______________________________

c) keine Zwei und keine Sechs fällt: ______________________________

d) nur Zweien oder Sechsen fallen: ______________________________

e) genau viermal eine Zwei oder Sechs fällt: ______________________________

10 Bestimme aus den drei Punkten einer Parabel die zugehörige Funktionsgleichung. Entscheide zuerst, ob du den Weg über die Scheitelpunktform oder die Normalform wählen musst.

A(1 | 6), B(0 | 5), C(−2 | −3)

☐ Scheitelpunktform ☐ Normalform

Allgemein: y = ______________

y-Achsenabschnitt einsetzen:

y = ______________

A(______ | ______) ergibt I: ______________

B(______ | ______) ergibt II: ______________

Löse das lineare Gleichungssystem im Heft.

a = ______ , b = ______ , c = ______

y = ______________________

11 Bestimme aus den beiden Punkten einer Parabel die zugehörige Funktionsgleichung. Entscheide zuerst, ob du den Weg über die Scheitelpunktform oder die Normalform wählen musst.

Scheitelpunkt S(−0,5 | 2), T(0,5 | 2,5)

☐ Scheitelpunktform ☐ Normalform

Allgemein: y = ______________

S(______ | ______) liefert: y = ______________

T(______ | ______) ergibt: ______________

____

____

Also ist a = ______ , somit y = ______________ .

12 Welche Beschreibung ist eine Definition? Entscheide und gib zu den abgelehnten Definitionsvorschlägen ein Beispiel an, das zeigt, dass der Vorschlag den Begriff nicht definiert.

Begriff	Definitionsvorschlag	richtig	falsch	Gegenbeispiel
a) Bleistift	Schreibgerät mit Bleimine	○	○	
b) Quadrat	Viereck mit vier gleich langen Seiten	○	○	
c) Rechteck	Viereck mit vier rechten Winkeln	○	○	
d) Kerze	Gegenstand aus Wachs	○	○	
e) Drachenviereck	Viereck mit genau einer Symmetrieachse	○	○	
f) Quader	Gerades Prisma mit rechteckiger Grund- und Deckfläche	○	○	
g) gleichseitiges Dreieck	Dreieck mit drei gleich großen Winkeln	○	○	

13 Welche Eigenschaft führt zur gesuchten Spezialisierung?

a) Eine Funktion, deren Graph eine ______________ ist, heißt lineare Funktion.

b) Eine lineare Funktion, deren Graph durch den Punkt (______ | ______) verläuft, heißt proportionale Funktion.

c) Ein gerades Prisma mit ______________ Grund- und Deckfläche heißt Quader.

d) Ein Parallelogramm mit ______________________ heißt Raute.

e) Ein Dreieck mit ______________________ heißt gleichschenkliges Dreieck.

14 Prüfe, ob die Aussage wahr oder falsch ist. Gib gegebenenfalls ein Gegenbeispiel an.

Aussage	wahr	falsch	ggf. Gegenbeispiel
a) Wenn eine Zahl durch 3 und 4 teilbar ist, dann ist sie auch durch 6 teilbar.	○	○	
b) Wenn eine Zahl durch 6 teilbar ist, dann ist sie auch durch 3 und 4 teilbar.	○	○	
c) Wenn die Quersumme einer Zahl durch 3 teilbar ist, dann ist auch die Zahl durch 3 teilbar.	○	○	
d) Wenn man die Seitenlänge einer Raute verdoppelt, dann verdoppelt sich der Umfang der Raute.	○	○	
e) Wenn man die Seitenlängen eines Quadrates halbiert, dann halbiert sich auch der Flächeninhalt des Quadrates.	○	○	

15 Beweise: Im Parallelogramm ABCD haben die Ecken B und D von der Diagonalen $\overline{AC}$ den gleichen Abstand.

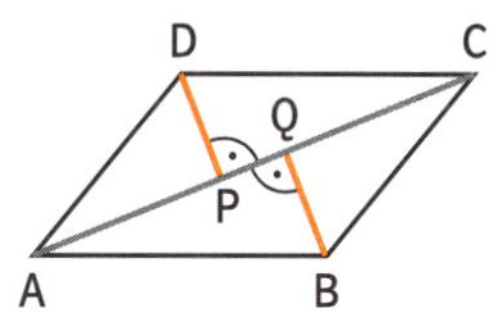

$\overline{AB}$ = ________ (Eigenschaft des Parallelogramms)

∢BAC = ∢ ________ (Eigenschaft des Parallelogramms)

∢BQA = ∢CPD = 90° (______________________________)

Die Dreiecke ________ und ________ sind daher kongruent nach dem Kongruenzsatz ________ .

Also sind auch die Seiten ________ und ________ gleich lang, woraus die Behauptung folgt.

Register

Die Seitenangaben in Schwarz verweisen auf die Lerneinheit, die in Orange auf den Merkzettel.